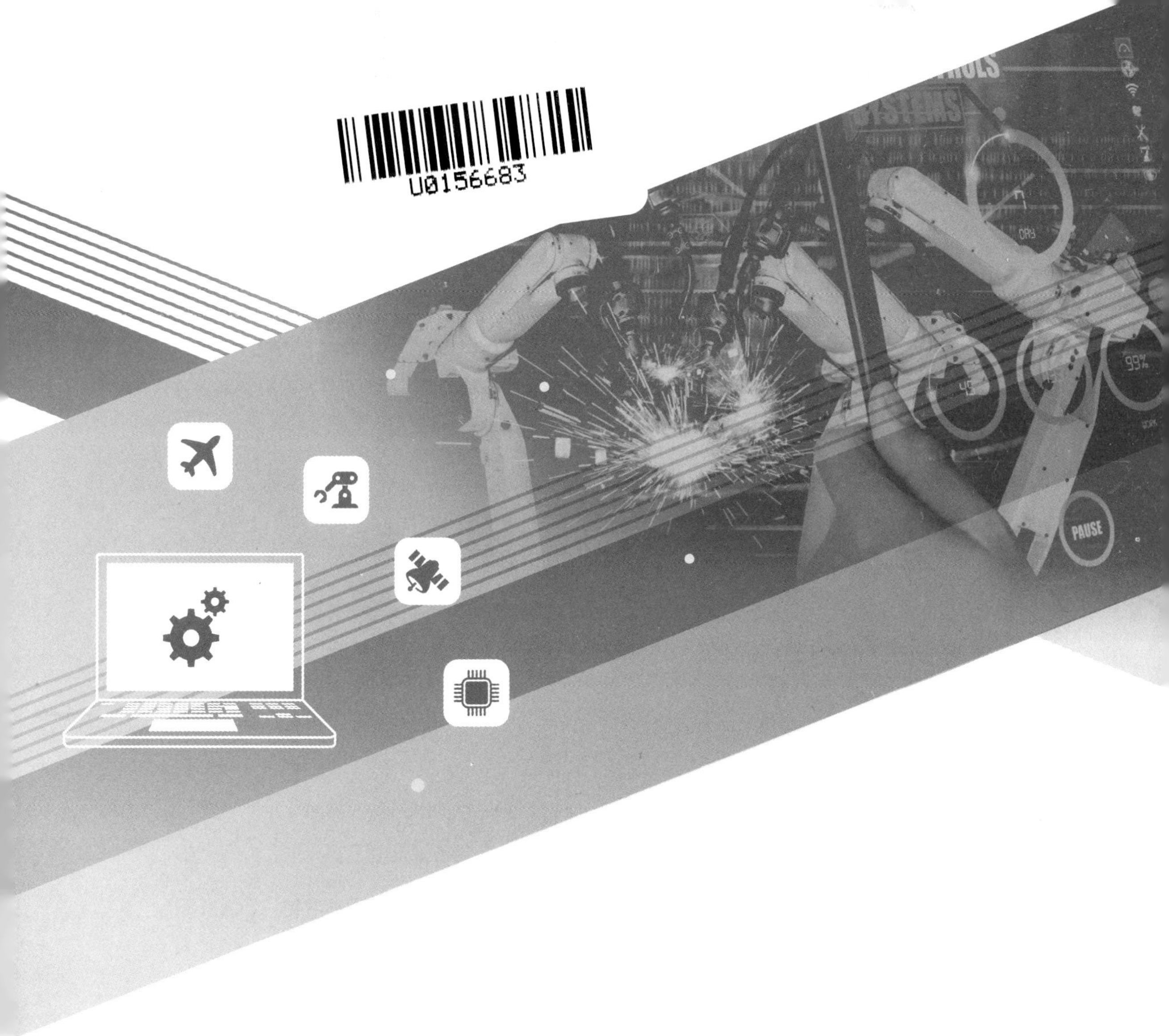

现代控制理论基础教程

张 岳 马志财 ◎ 编著

清華大學出版社
北京

内容简介

本书以单输入-单输出线性定常系统为背景，系统介绍了现代控制理论的基础知识。这些基础知识包括现代控制理论的数学基础——矩阵、状态空间法的基本概念、状态空间法的表达方式、线性定常系统的运动、系统的能控性和可观测性、系统的状态反馈与极点配置、线性系统的最优控制以及李雅普诺夫稳定性分析。

现代控制理论的理论性较强，应用的数学知识较多且内容抽象，为了便于读者理解和掌握现代控制理论的基础知识，本书引入 MATLAB 仿真软件来加深读者对现代控制理论基础知识的理解，其目的就是为读者提供另一种掌握现代控制理论知识的途径。

本书注重现代控制理论的应用性，基本原理与方法阐述透彻，层次分明，篇幅简练，内容精选，且每章均附有小结和习题，书后还附有拓展阅读和各章的习题答案供教师和学生及工程技术人员参考。

本书适合作为应用型大学自动控制专业及其相近专业的本科生和大专生的教材，也可供从事自动控制方面工作的工程技术人员参考使用。

图书在版编目(CIP)数据

现代控制理论基础教程/张岳，马志财编著. —北京：清华大学出版社，2023.9
ISBN 978-7-302-64180-3

Ⅰ. ①现… Ⅱ. ①张… ②马… Ⅲ. ①现代控制理论－高等学校－教材 Ⅳ. ①O231

中国国家版本馆 CIP 数据核字(2023)第 132861 号

责任编辑：王剑乔
封面设计：刘 键
责任校对：刘 静
责任印制：沈 露

出版发行：清华大学出版社
网　　址：http://www.tup.com.cn，http://www.wqbook.com
地　　址：北京清华大学学研大厦 A 座　　**邮　　编**：100084
社 总 机：010-83470000　　**邮　　购**：010-62786544
投稿与读者服务：010-62776969，c-service@tup.tsinghua.edu.cn
质量反馈：010-62772015，zhiliang@tup.tsinghua.edu.cn
课件下载：http://www.tup.com.cn，010-83470410
印 装 者：小森印刷霸州有限公司
经　　销：全国新华书店
开　　本：185mm×260mm　　**印　张**：6　　**字　　数**：140 千字
版　　次：2023 年 9 月第 1 版　　**印　　次**：2023 年 9 月第 1 次印刷
定　　价：36.00 元

产品编号：102331-01

前 言

“现代控制理论”是应用型大学自动化及其相近专业的一门重要专业课，它建立在工程数学、自动控制原理等一些重要课程的基础上。

现代控制理论源于20世纪60年代，它以多变量时域控制系统为研究对象，以状态空间方法为研究方法，其最大特点是深刻地揭示了线性系统的许多基本特点和性质，并可以定量地进行系统分析和设计。现代控制理论经过几十年的发展，目前已经形成许多学科分支，如线性系统理论、最优控制、系统辨识、自适应控制、鲁棒控制等。

本书依据应用型大学对现代控制理论课程的要求，结合应用型大学自动化专业本科人才培养目标编写。在编写过程中，充分考虑到应用型大学教学学时数少（计划学时30左右），而现代控制理论内容丰富的特点，并针对目前应用型大学自动化专业学生的知识水平和能力结构的实际现状，力求做到理论知识“少而精、应用为主、够用为度”。

本书从控制系统的实际出发，循序渐进地建立现代控制理论的基本概念，精选内容，深入浅出地阐述基本原理，注重知识的应用，在叙述上力求通过示例，说明其基础知识应用，使理论知识易于被学生接受与掌握，从而培养学生解决实际问题的能力。为了方便教学，每章均附有小结和习题，书后附有拓展阅读和各章习题答案供参考。

MATLAB是一款应用广泛的数学计算软件，它提供了一整套控制系统计算的工具箱，在本书各章编排的一些的例题中给出了采用MATLAB仿真软件的程序，以便读者能够初步掌握该软件在现代控制理论中的应用，也为学生提供了另一种解决现代控制理论问题的途径。

习近平总书记在党的二十大报告中指出，教育、科技、人才是全面建设社会主义现代化国家的基础性、战略性支撑；全面贯彻党的教育方针，落实立德树人根本任务，培养德智体美劳全面发展的社会主义建设者和接班人。本书在传授知识的同时注重思政教育，将价值塑造、知识传授和能力培养融为一体，为党育人、为国育才。

本书共8章，具体内容如下。

第1章线性代数基础知识——现代控制理论基础理论性强，应用较多的数学知识且内容抽象，主要涉及线性代数知识，本章重点介绍了行列式和矩阵的基本概念及其运算，要求熟练掌握矩阵和行列式的基本操作，使之学以致用。

第2章状态空间法概述——介绍了状态空间法的基本概念，特别是状态变量个数的唯一性及状态变量组选择的不唯一性，从数学角度阐述了n阶微分方程有n个独立的状态变量。状态空间表达式由状态方程和输出方程两部分组成，同一系统的状态变量组的选择不同，建立的状态空间表达式也不同，它们之间有着线性非奇异变换的联系。

第3章状态空间法的表达方式——重点介绍了经典控制理论中几种常用数学模型转换为状态空间表达式的基本方法，对于定常控制系统而言，状态空间表达式与经典控制理论的传递函数是等价的。

第 4 章线性定常系统的运动——阐述了系统状态运动的基本知识，它是由初始状态的自由项和控制作用的受控项组成的。状态转移矩阵是本章的重点，要求熟练掌握求解状态转移矩阵的方法。

第 5 章系统的能控性和可观测性——系统的能控性和可观测性是现代控制理论中表征系统特性的两个重要概念，重点阐述了根据状态空间表达式判断系统能控性和可观测性的方法和各自的特点。

第 6 章状态反馈与状态观测器——重点阐述了通过状态反馈改善系统性能，满足系统各项性能指标的要求，通过状态反馈任意配置系统的极点(特征值)的充分必要条件是系统能控；系统状态重构是基于状态观测来讨论分析的，任意配置状态观测器的极点(特征值)的充分必要条件是系统可观测。

第 7 章变分法与最优控制——介绍了最优控制的基本概念，对几种性能指标表达式进行了阐述，通过示例重点介绍了变分法及其应用。

第 8 章李雅普诺夫稳定性分析——在介绍李雅普诺夫第二法基本知识的基础上，通过示例，重点阐述了李雅普诺夫稳定性的定义、稳定性定理及其应用，介绍了李雅普诺夫稳定性在分析线性定常系统稳定性中的应用。

本书由辽宁科技学院张岳、马志财编著，其中，张岳编写第 2、3 章、第 5～8 章及课后习题答案，马志财编写第 1 章和第 4 章。在编写过程中，编者借鉴了一些兄弟院校现代控制理论教材的部分内容，在此表示由衷感谢。

由于编著者水平有限，书中难免存在不足和疏漏之处，恳请广大读者批评指正。

编著者

2023 年 5 月

目录

第 1 章

线性代数基础知识

本章主要介绍行列式、矩阵的基本概念及常用的运算，通过示例并借助 MATLAB 仿真软件，加深学生对行列式和矩阵基础知识的理解。

本章需要重点掌握矩阵的乘法运算和逆运算，其中矩阵的逆运算是本章的难点。行列式、矩阵是学习现代控制理论的数学基础，也是数学工具。

1.1 行列式

1.1.1 n 阶行列式的定义

为了给出 n 阶行列式的定义，先来研究二阶、三阶行列式的结构。

1. 二阶行列式的定义

定义：

$$D=\begin{vmatrix} a_{11} & a_{12} \\ a_{21} & a_{22} \end{vmatrix}=a_{11}a_{22}-a_{12}a_{21} \tag{1-1}$$

式中：$a_{ij}(i=1,2;\ j=1,2)$称为行列式(1-1)的元素或元；元素 a_{ij} 的第一个下标 i 称为行标，表明该元素位于第 i 行；第二个下标 j 称为列标，表明该元素位于第 j 列；位于第 i 行第 j 列的元素称为行列式(1-1)的(i,j)元。

2. 三阶行列式的定义

定义：

$$\begin{aligned} D&=\begin{vmatrix} a_{11} & a_{12} & a_{13} \\ a_{21} & a_{22} & a_{23} \\ a_{31} & a_{32} & a_{33} \end{vmatrix} \\ &=a_{11}a_{22}a_{33}+a_{12}a_{23}a_{31}+a_{13}a_{32}a_{21}- \\ &\quad a_{11}a_{32}a_{23}-a_{12}a_{21}a_{33}-a_{13}a_{22}a_{31} \end{aligned} \tag{1-2}$$

式(1-2)的定义表明三阶行列式包含 6 项，每项均为不同行不同列的三个元素的乘积再冠以正负号。

【例 1-1】 计算二阶行列式 $D=\begin{vmatrix} 1 & 2 \\ 3 & 4 \end{vmatrix}$。

解：

$$D=\begin{vmatrix} 1 & 2 \\ 3 & 4 \end{vmatrix}=1\times 4-3\times 2=4-6=-2$$

【例 1-2】 计算三阶行列式 $D=\begin{vmatrix} 1 & 2 & -4 \\ -2 & 2 & 1 \\ -3 & 4 & -2 \end{vmatrix}$。

解：

$$\begin{aligned} D &= 1\times2\times(-2)+2\times1\times(-3)+(-4)\times(-2)\times4- \\ &\quad 1\times1\times4-2\times(-2)\times(-2)-(-4)\times2\times(-3) \\ &= -4-6+32-4-8-24=-14 \end{aligned}$$

由此可把二阶、三阶行列式推广到一般情形。

3. *n* 阶行列式的定义

定义：设有 n^2 个数，排成 n 行 n 列的数表。记作

$$D=\begin{vmatrix} a_{11} & a_{12} & \cdots & a_{1n} \\ a_{21} & a_{22} & \cdots & a_{2n} \\ \vdots & \vdots & \ddots & \vdots \\ a_{n1} & a_{n2} & \cdots & a_{nn} \end{vmatrix} \tag{1-3}$$

也记作 $\det(a_{ij})$，其中 a_{ij} 为行列式 D 的 (i,j) 元。

注意：当 $n=1$ 时，一阶行列式 $|a|=a$，不要与绝对值符号混淆。

上(下)三角行列式：主对角线以下(上)的元素都为 0 的行列式叫作上(下)三角行列式。特别地，除主对角线以外，其余元素都为 0 的行列式叫作对角行列式。

$$\begin{vmatrix} a_{11} & & & \\ a_{21} & a_{22} & & \\ \vdots & \vdots & \ddots & \\ a_{n1} & a_{n2} & \cdots & a_{nn} \end{vmatrix}=a_{11}a_{22}\cdots a_{nn} \tag{1-4}$$

$$\begin{vmatrix} \lambda_1 & & & \\ & \lambda_2 & & \\ & & \ddots & \\ & & & \lambda_n \end{vmatrix}=\lambda_1\lambda_2\cdots\lambda_n \tag{1-5}$$

1.1.2 行列式的性质

首先需要弄清楚转置行列式的概念，记

$$D=\begin{vmatrix} a_{11} & a_{12} & \cdots & a_{1n} \\ a_{21} & a_{22} & \cdots & a_{2n} \\ \vdots & \vdots & \ddots & \vdots \\ a_{n1} & a_{n2} & \cdots & a_{nn} \end{vmatrix},\quad D^{\mathrm{T}}=\begin{vmatrix} a_{11} & a_{21} & \cdots & a_{n1} \\ a_{12} & a_{22} & \cdots & a_{n2} \\ \vdots & \vdots & \ddots & \vdots \\ a_{1n} & a_{2n} & \cdots & a_{nn} \end{vmatrix} \tag{1-6}$$

行列式 D^{T} 称为行列式 D 的转置行列式。

性质 1：行列式 D 与它的转置行列式 D^{T} 相等，即 $\det(a_{ij})=\det(a_{ji})$。

性质 2：对换行列式的两行(列)，行列式变号。若行列式 D 存在两行(列)完全相同，则 $D=0$。

性质 3：行列式的某一行(列)中的所有元素都乘以同一数 k，等于用数 k 乘以此行列式。

性质 4：行列式中如果有两行(列)元素成比例，则此行列式等于零。

性质 5：若行列式的某一列(行)的元素都是两数之和，例如第 i 列的元素都是两数之和：

$$D=\begin{vmatrix} a_{11} & a_{12} & \cdots & (a_{1i}+a'_{1i}) & \cdots & a_{1n} \\ a_{21} & a_{22} & \cdots & (a_{2i}+a'_{2i}) & \cdots & a_{2n} \\ \vdots & \vdots & & \vdots & & \vdots \\ a_{n1} & a_{n2} & \cdots & (a_{ni}+a'_{ni}) & \cdots & a_{nn} \end{vmatrix}$$

则 D 等于下列两个行列式之和：

$$D=\begin{vmatrix} a_{11} & a_{12} & \cdots & a_{1i} & \cdots & a_{1n} \\ a_{21} & a_{22} & \cdots & a_{2i} & \cdots & a_{2n} \\ \vdots & \vdots & & \vdots & & \vdots \\ a_{n1} & a_{n2} & \cdots & a_{ni} & \cdots & a_{nn} \end{vmatrix}+\begin{vmatrix} a_{11} & a_{12} & \cdots & a'_{1i} & \cdots & a_{1n} \\ a_{21} & a_{22} & \cdots & a'_{2i} & \cdots & a_{2n} \\ \vdots & \vdots & & \vdots & & \vdots \\ a_{n1} & a_{n2} & \cdots & a'_{ni} & \cdots & a_{nn} \end{vmatrix}$$

性质 6：把行列式的某一列(行)的各元素乘以同一数，然后加到另一列(行)对应的元素上去，行列式不变。例如，以数 k 乘以第 j 列加到第 i 列上，即

$$\begin{vmatrix} a_{11} & \cdots & a_{1i} & \cdots & a_{1j} & \cdots & a_{1n} \\ a_{21} & \cdots & a_{2i} & \cdots & a_{2j} & \cdots & a_{2n} \\ \vdots & & \vdots & & \vdots & & \vdots \\ a_{n1} & \cdots & a_{ni} & \cdots & a_{nj} & \cdots & a_{nn} \end{vmatrix}\to$$

$$\begin{vmatrix} a_{11} & \cdots & (a_{1i}+ka_{1j}) & \cdots & a_{1j} & \cdots & a_{1n} \\ a_{21} & \cdots & (a_{2i}+ka_{2j}) & \cdots & a_{2j} & \cdots & a_{2n} \\ \vdots & & \vdots & & \vdots & & \vdots \\ a_{n1} & \cdots & (a_{ni}+ka_{nj}) & \cdots & a_{nj} & \cdots & a_{nn} \end{vmatrix}(i\neq j)$$

以上性质的证明略。

性质 5 表明：当某一行(列)的元素为两数之和时，行列式关于该行(或列)可分解为两个行列式，若 n 阶行列式每个元素都表示成两数之和，则它可分解成 2^n 个行列式。

性质 2、3、6 介绍了行列式关于行和列的三种运算，利用这些运算可简化行列式的计算。

1.1.3 行列式的计算

【例 1-3】 计算行列式 $D=\begin{vmatrix} 3 & 1 & -1 & 2 \\ -5 & 1 & 3 & -4 \\ 2 & 0 & 1 & -1 \\ 1 & -5 & 3 & -3 \end{vmatrix}$。

解：

$$D=\begin{vmatrix} 3 & 1 & -1 & 2 \\ -5 & 1 & 3 & -4 \\ 2 & 0 & 1 & -1 \\ 1 & -5 & 3 & -3 \end{vmatrix}\to(-1)\times\begin{vmatrix} 1 & 3 & -1 & 2 \\ 1 & -5 & 3 & -4 \\ 0 & 2 & 1 & -1 \\ -5 & 1 & 3 & -3 \end{vmatrix}\to(-1)\times\begin{vmatrix} 1 & 3 & -1 & 2 \\ 0 & -8 & 4 & -6 \\ 0 & 2 & 1 & -1 \\ 0 & 16 & -2 & 7 \end{vmatrix}\to$$

$$(-1)\times(-1)\begin{vmatrix}1&3&-1&2\\0&2&1&-1\\0&-8&4&-6\\0&16&-2&7\end{vmatrix}\to\begin{vmatrix}1&3&-1&2\\0&2&1&-1\\0&0&8&-10\\0&0&-10&15\end{vmatrix}\to\begin{vmatrix}1&3&-1&2\\0&2&1&-1\\0&0&8&-10\\0&0&0&\frac{5}{2}\end{vmatrix}=40$$

【例 1-4】 计算行列式 $D=\begin{vmatrix}3&1&1&1\\1&3&1&1\\1&1&3&1\\1&1&1&3\end{vmatrix}$。

解：这个行列式的特点是各列 4 个数之和都是 6，把第 2、3、4 行同时加到第 1 行，提取公因子 6，然后各行减去第 1 行，即

$$D=\begin{vmatrix}3&1&1&1\\1&3&1&1\\1&1&3&1\\1&1&1&3\end{vmatrix}\to\begin{vmatrix}6&6&6&6\\1&3&1&1\\1&1&3&1\\1&1&1&3\end{vmatrix}\to 6\begin{vmatrix}1&1&1&1\\1&3&1&1\\1&1&3&1\\1&1&1&3\end{vmatrix}\to 6\begin{vmatrix}1&1&1&1\\0&2&0&0\\0&0&2&0\\0&0&0&2\end{vmatrix}=48$$

【例 1-5】 计算行列式 $D=\begin{vmatrix}a&b&c&d\\a&a+b&a+b+c&a+b+c+d\\a&2a+b&3a+2b+c&4a+3b+2c+d\\a&3a+b&6a+3b+c&10a+6b+3c+d\end{vmatrix}$。

解：从第 4 行开始，后行减前行，即

$$D=\begin{vmatrix}a&b&c&d\\a&a+b&a+b+c&a+b+c+d\\a&2a+b&3a+2b+c&4a+3b+2c+d\\a&3a+b&6a+3b+c&10a+6b+3c+d\end{vmatrix}\to$$

$$\begin{vmatrix}a&b&c&d\\0&a&a+b&a+b+c\\0&a&2a+b&3a+2b+c\\0&a&3a+b&6a+3b+c\end{vmatrix}\to\begin{vmatrix}a&b&c&d\\0&a&a+b&a+b+c\\0&0&a&2a+b\\0&0&a&3a+b\end{vmatrix}\to$$

$$\begin{vmatrix}a&b&c&d\\0&a&a+b&a+b+c\\0&0&a&2a+b\\0&0&0&a\end{vmatrix}=a^4$$

1.2 行列式按行(列)展开

一般来说，低阶行列式的计算比高阶行列式的计算简便，那么自然而然就会考虑到是否可用低阶行列式来表示高阶行列式，这里首先介绍余子式和代数余子式。

定义：在 n 阶行列式中，把(i,j)元 a_{ij} 所在的第 i 行和第 j 列划去后，剩余下来的 $n-1$ 阶行列式叫作(i,j)元 a_{ij} 的余子式，记作 M_{ij}。

$$A_{ij}=(-1)^{i+j}M_{ij} \tag{1-7}$$

A_{ij} 叫作(i,j)元 a_{ij} 的代数余子式。

【例 1-6】 求行列式 $D=\begin{vmatrix} a_{11} & a_{12} & a_{13} & a_{14} \\ a_{21} & a_{22} & a_{23} & a_{24} \\ a_{31} & a_{32} & a_{33} & a_{34} \\ a_{41} & a_{42} & a_{43} & a_{44} \end{vmatrix}$ 中$(3,2)$元 a_{32} 的余子式和代数余子式。

解：行列式 D 中$(3,2)$元 a_{32} 的余子式和代数余子式分别为

$$M_{32}=\begin{vmatrix} a_{11} & a_{13} & a_{14} \\ a_{21} & a_{23} & a_{24} \\ a_{41} & a_{43} & a_{44} \end{vmatrix}$$

$$A_{32}=(-1)^{3+2}M_{32}=-M_{32}$$

定理：行列式等于它的任一行(列)的各元素与其对应的代数余子式乘积之和，即

$$D=a_{i1}A_{i1}+a_{i2}A_{i2}+\cdots+a_{in}A_{in} \quad (i=1,2,\cdots,n) \tag{1-8}$$

或

$$D=a_{1j}A_{1j}+a_{2j}A_{2j}+\cdots+a_{nj}A_{nj} \quad (j=1,2,\cdots,n) \tag{1-9}$$

这个定理叫作行列式按行(列)展开法则，利用这一法则并结合行列式的性质，可以简化行列式的计算。

【例 1-7】 计算四阶行列式 $D=\begin{vmatrix} 3 & 1 & -1 & 2 \\ -5 & 1 & 3 & -4 \\ 2 & 0 & 1 & -1 \\ 1 & -5 & 3 & -3 \end{vmatrix}$。

解：

$$D \rightarrow \begin{vmatrix} 5 & 1 & -1 & 1 \\ -11 & 1 & 3 & -1 \\ 0 & 0 & 1 & 0 \\ -5 & -5 & 3 & 0 \end{vmatrix} = (-1)^{3+3}\begin{vmatrix} 5 & 1 & 1 \\ -11 & 1 & -1 \\ -5 & -5 & 0 \end{vmatrix} \rightarrow \begin{vmatrix} 5 & 1 & 1 \\ -6 & 2 & 0 \\ -5 & -5 & 0 \end{vmatrix}$$

$$=(\quad 1)^{1+3}\begin{vmatrix} -6 & 2 \\ -5 & -5 \end{vmatrix} \rightarrow \begin{vmatrix} -8 & 2 \\ 0 & -5 \end{vmatrix}=40$$

1.3 矩　阵

1.3.1 矩阵的基本概念

定义：由 $m\times n$ 个数 $a_{ij}(i=1,2,\cdots,m;j=1,2,\cdots,n)$ 排列的 m 行 n 列的数表，称为 m

行 n 列矩阵，简称 $m\times n$ 矩阵，记作

$$\boldsymbol{A}=\begin{bmatrix} a_{11} & a_{12} & \cdots & a_{1n} \\ a_{21} & a_{22} & \cdots & a_{2n} \\ \vdots & \vdots & \ddots & \vdots \\ a_{m1} & a_{m2} & \cdots & a_{mn} \end{bmatrix} \tag{1-10}$$

这 $m\times n$ 个数称为矩阵 $\boldsymbol{A}$ 的元素，简称为元；数 a_{ij} 位于矩阵 $\boldsymbol{A}$ 的第 i 行和第 j 列，称为矩阵 $\boldsymbol{A}$ 的 (i,j) 元。元素是实数的矩阵称为实矩阵，元素是复数的矩阵称为复矩阵。行数和列数都等于 n 的矩阵称为 n 阶矩阵或 n 阶方阵。

只有一行的矩阵 $\boldsymbol{A}=(a_1 a_2 \cdots a_n)$，称为行矩阵，又称为行向量。为避免元素间的混淆，行矩阵也记为 $\boldsymbol{A}=(a_1,a_2,\cdots,a_n)$。

只有一列的矩阵 $\boldsymbol{B}=\begin{bmatrix} b_1 \\ b_2 \\ \vdots \\ b_n \end{bmatrix}$，称为列矩阵，又称为列向量。

两个矩阵的行数和列数都相等时，称它们是同型矩阵。如果 $\boldsymbol{A}=(a_{ij})$ 与 $\boldsymbol{B}=(b_{ij})$ 是同型矩阵，并且它们的对应元素相等，即 $a_{ij}=b_{ij}(i=1,2,\cdots,m;j=1,2,\cdots,n)$，那么称矩阵 $\boldsymbol{A}$ 和矩阵 $\boldsymbol{B}$ 相等，记作

$$\boldsymbol{A}=\boldsymbol{B}$$

元素都是零的矩阵称为零矩阵，记作 $\boldsymbol{O}$。

注意：不同型的零矩阵是不同的。

若一个 n 阶方阵从左上角到右下角的直线（叫作（主）对角线）上的元素都是 1，其他元素都是 0，即

$$\boldsymbol{I}=\begin{bmatrix} 1 & 0 & \cdots & 0 \\ 0 & 1 & \cdots & 0 \\ \vdots & \vdots & \ddots & \vdots \\ 0 & 0 & \cdots & 1 \end{bmatrix} \tag{1-11}$$

则称该方阵 $\boldsymbol{I}$ 为单位阵。

若一个 n 阶方阵从左上角到右下角的直线（叫作（主）对角线）上的元素是 $\lambda_1,\lambda_2,\cdots,\lambda_n$，其他元素都是 0，即

$$\boldsymbol{A}=\begin{bmatrix} \lambda_1 & 0 & \cdots & 0 \\ 0 & \lambda_2 & \cdots & 0 \\ \vdots & \vdots & \ddots & \vdots \\ 0 & 0 & \cdots & \lambda_n \end{bmatrix} \tag{1-12}$$

则称该方阵 $\boldsymbol{A}$ 为对角矩阵，简称为对角阵，记为 $\boldsymbol{A}=\mathrm{diag}(\lambda_1,\lambda_2,\cdots,\lambda_n)$。

1.3.2 矩阵的基本运算

1. 矩阵的加法

定义： 设有两个 $m \times n$ 矩阵 $\boldsymbol{A}=(a_{ij})$ 和 $\boldsymbol{B}=(b_{ij})$，那么矩阵 $\boldsymbol{A}$ 与矩阵 $\boldsymbol{B}$ 的和记作 $\boldsymbol{A}+\boldsymbol{B}$，规定为

$$\boldsymbol{A}+\boldsymbol{B}=\begin{bmatrix} a_{11}+b_{11} & a_{12}+b_{12} & \cdots & a_{1n}+b_{1n} \\ a_{21}+b_{21} & a_{22}+b_{22} & \cdots & a_{2n}+b_{2n} \\ \vdots & \vdots & \ddots & \vdots \\ a_{m1}+b_{m1} & a_{m2}+b_{m2} & \cdots & a_{mn}+b_{mn} \end{bmatrix} \tag{1-13}$$

注意： 只有当两个矩阵是同型矩阵时，这两个矩阵才能进行加法运算。

矩阵的加法满足下列运算规律（设 $\boldsymbol{A}$、$\boldsymbol{B}$、$\boldsymbol{C}$ 都是 $m \times n$ 矩阵）：

(1) $\boldsymbol{A}+\boldsymbol{B}=\boldsymbol{B}+\boldsymbol{A}$

(2) $(\boldsymbol{A}+\boldsymbol{B})+\boldsymbol{C}=\boldsymbol{A}+(\boldsymbol{B}+\boldsymbol{C})$

2. 数与矩阵相乘

定义： 数 λ 与矩阵 $\boldsymbol{A}$ 的乘积记为 $\lambda\boldsymbol{A}$ 或 $\boldsymbol{A}\lambda$，规定为

$$\lambda\boldsymbol{A}=\begin{bmatrix} \lambda a_{11} & \lambda a_{12} & \cdots & \lambda a_{1n} \\ \lambda a_{21} & \lambda a_{22} & \cdots & \lambda a_{2n} \\ \vdots & \vdots & \ddots & \vdots \\ \lambda a_{m1} & \lambda a_{m2} & \cdots & \lambda a_{mn} \end{bmatrix} \tag{1-14}$$

数与矩阵相乘满足下列运算规律（设 $\boldsymbol{A}$、$\boldsymbol{B}$、$\boldsymbol{C}$ 都是 $m \times n$ 矩阵，λ、μ 为数）：

(1) $(\lambda\mu)\boldsymbol{A}=\lambda(\mu\boldsymbol{A})$

(2) $(\lambda+\mu)\boldsymbol{A}=\lambda\boldsymbol{A}+\mu\boldsymbol{A}$

(3) $\lambda(\boldsymbol{A}+\boldsymbol{B})=\lambda\boldsymbol{B}+\lambda\boldsymbol{A}$

3. 矩阵与矩阵相乘

定义： 设 $\boldsymbol{A}=(a_{ij})$ 是一个 $m \times s$ 矩阵，$\boldsymbol{B}=(b_{ij})$ 是一个 $s \times n$ 矩阵，那么规定矩阵 $\boldsymbol{A}$ 与矩阵 $\boldsymbol{B}$ 的乘积是一个 $m \times n$ 矩阵 $\boldsymbol{C}=(c_{ij})$，其中

$$c_{ij}=a_{i1}b_{1j}+a_{i2}b_{2j}+\cdots+a_{it}b_{tj}=\sum_{k=1}^{t}a_{ik}b_{kj} \tag{1-15}$$

式中：$i=1,2,\cdots,m$；$j=1,2,\cdots,n$。

记作 $\boldsymbol{C}=\boldsymbol{AB}$

若一个 $1 \times s$ 行矩阵与一个 $s \times 1$ 列矩阵相乘，其结果是一个1阶方阵，也就是一个数。

【例 1-8】 求矩阵 $\boldsymbol{A}=\begin{bmatrix} 1 & 0 & 3 & -1 \\ 2 & 1 & 0 & 2 \end{bmatrix}$ 与 $\boldsymbol{B}=\begin{bmatrix} 4 & 1 & 0 \\ -1 & 1 & 3 \\ 2 & 0 & 1 \\ 1 & 3 & 4 \end{bmatrix}$ 的乘积 $\boldsymbol{AB}$。

解： 因为 $\boldsymbol{A}$ 是 2×4 矩阵，$\boldsymbol{B}$ 是 4×3 矩阵，$\boldsymbol{A}$ 的列数等于 $\boldsymbol{B}$ 的行数，所以矩阵 $\boldsymbol{A}$ 与 $\boldsymbol{B}$ 可

以相乘，其乘积 $\boldsymbol{AB}=\boldsymbol{C}$ 是一个 2×3 矩阵，即

$$\boldsymbol{C}=\boldsymbol{AB}=\begin{bmatrix}1&0&3&-1\\2&1&0&2\end{bmatrix}\begin{bmatrix}4&1&0\\-1&1&3\\2&0&1\\1&3&4\end{bmatrix}$$

$$=\begin{bmatrix}1\times4+0\times(-1)+3\times2+(-1)\times1 & 1\times1+0\times1+3\times0+(-1)\times3 & 1\times0+0\times3+3\times1+(-1)\times4\\2\times4+1\times(-1)+0\times2+2\times1 & 2\times1+1\times1+0\times0+2\times3 & 2\times0+1\times3+0\times1+2\times4\end{bmatrix}$$

$$=\begin{bmatrix}9&-2&-1\\9&9&11\end{bmatrix}$$

【例 1-9】 求矩阵 $\boldsymbol{A}=\begin{bmatrix}-2&4\\1&-2\end{bmatrix}$ 与 $\boldsymbol{B}=\begin{bmatrix}2&4\\-3&-6\end{bmatrix}$ 的乘积 $\boldsymbol{AB}$ 及 $\boldsymbol{BA}$。

解：由矩阵与矩阵相乘的定义可知，

$$\boldsymbol{AB}=\begin{bmatrix}-2&4\\1&-2\end{bmatrix}\begin{bmatrix}2&4\\-3&-6\end{bmatrix}=\begin{bmatrix}-16&-32\\8&16\end{bmatrix}$$

$$\boldsymbol{BA}=\begin{bmatrix}2&4\\-3&-6\end{bmatrix}\begin{bmatrix}-2&4\\1&-2\end{bmatrix}=\begin{bmatrix}0&0\\0&0\end{bmatrix}$$

在例 1-8 中，$\boldsymbol{A}$ 是 2×4 矩阵，$\boldsymbol{B}$ 是 4×3 矩阵，乘积 $\boldsymbol{AB}$ 有意义而 $\boldsymbol{BA}$ 却没有意义。由此可见，在矩阵的乘法中必须注意矩阵相乘的顺序，$\boldsymbol{AB}$ 是 $\boldsymbol{A}$ 左乘 $\boldsymbol{B}$（$\boldsymbol{B}$ 被 $\boldsymbol{A}$ 左乘）的乘积，$\boldsymbol{BA}$ 是 $\boldsymbol{A}$ 右乘 $\boldsymbol{B}$ 的乘积，$\boldsymbol{AB}$ 有意义时 $\boldsymbol{BA}$ 可以没有意义。又若 $\boldsymbol{A}$ 是 $m\times n$ 矩阵，$\boldsymbol{B}$ 是 $n\times m$ 矩阵，则 $\boldsymbol{AB}$ 与 $\boldsymbol{BA}$ 都有意义，但 $\boldsymbol{AB}$ 是 m 阶方阵，$\boldsymbol{BA}$ 是 n 阶方阵，当 $m\neq n$ 时，$\boldsymbol{AB}\neq\boldsymbol{BA}$，即使 $m=n$ 时，即 $\boldsymbol{A}$、$\boldsymbol{B}$ 是同阶方阵，$\boldsymbol{AB}$ 与 $\boldsymbol{BA}$ 仍然有可能不相等。总之，矩阵的乘法不满足交换律，即在一般情况下，$\boldsymbol{AB}\neq\boldsymbol{BA}$，但仍满足下列的结合律和分配律：

(1) $(\boldsymbol{AB})\boldsymbol{C}=\boldsymbol{A}(\boldsymbol{BC})$

(2) $\lambda(\boldsymbol{AB})=(\lambda\boldsymbol{A})\boldsymbol{B}=\boldsymbol{A}(\lambda\boldsymbol{B})$（其中 λ 为数）

(3) $\boldsymbol{A}(\boldsymbol{B}+\boldsymbol{C})=\boldsymbol{AB}+\boldsymbol{AC}$　　$(\boldsymbol{B}+\boldsymbol{C})\boldsymbol{A}=\boldsymbol{BA}+\boldsymbol{CA}$

对于单位矩阵 $\boldsymbol{I}$，有

$$\boldsymbol{IA}=\boldsymbol{AI}=\boldsymbol{A}$$

可见单位矩阵 $\boldsymbol{I}$ 在矩阵乘法中的作用类似于数 1。

4. 矩阵的转置

定义：把矩阵 $\boldsymbol{A}$ 的行换成同序数的列得到一个新矩阵，叫作 $\boldsymbol{A}$ 的转置矩阵，记作 $\boldsymbol{A}^{\mathrm{T}}$。

矩阵的转置也是一种运算，满足下列运算规律（假设运算都是可行的）：

(1) $(\boldsymbol{A}^{\mathrm{T}})^{\mathrm{T}}=\boldsymbol{A}$

(2) $(\boldsymbol{A}+\boldsymbol{B})^{\mathrm{T}}=\boldsymbol{A}^{\mathrm{T}}+\boldsymbol{B}^{\mathrm{T}}$

(3) $(\lambda\boldsymbol{A})^{\mathrm{T}}=\lambda\boldsymbol{A}^{\mathrm{T}}$

(4) $(\boldsymbol{AB})^{\mathrm{T}}=\boldsymbol{B}^{\mathrm{T}}\boldsymbol{A}^{\mathrm{T}}$

【例 1-10】 已知矩阵 $\boldsymbol{A}=\begin{bmatrix}2&0&-1\\1&3&2\end{bmatrix}$，$\boldsymbol{B}=\begin{bmatrix}1&7&-1\\4&2&3\\2&0&1\end{bmatrix}$，求 $(\boldsymbol{AB})^{\mathrm{T}}$。

解：

方法一：
$$AB=\begin{bmatrix}2&0&-1\\1&3&2\end{bmatrix}\begin{bmatrix}1&7&-1\\4&2&3\\2&0&1\end{bmatrix}=\begin{bmatrix}0&14&-3\\17&13&10\end{bmatrix}$$

$$(AB)^{\mathrm{T}}=\begin{bmatrix}0&17\\14&13\\-3&10\end{bmatrix}$$

方法二：
$$(AB)^{\mathrm{T}}=B^{\mathrm{T}}A^{\mathrm{T}}=\begin{bmatrix}1&4&2\\7&2&0\\-1&3&1\end{bmatrix}\begin{bmatrix}2&1\\0&3\\-1&2\end{bmatrix}=\begin{bmatrix}0&17\\14&13\\-3&10\end{bmatrix}$$

5. 方阵的行列式

定义：由 n 阶方阵 A 的元素所构成的行列式(各元素的位置不变)，称为方阵 A 的行列式，记作 $|A|$ 或 $\det A$。

注意：方阵与行列式是两个不同的概念，n 阶方阵是 n^2 个数按一定方式排成的数表，而 n 阶行列式则是这些数按一定的运算法则所确定的一个数。

由 A 确定 $|A|$ 的这个运算满足下列运算规律(设 A、B 为 n 阶方阵，λ 为数)。

(1) $|A^{\mathrm{T}}|=|A|$

(2) $|\lambda A|=\lambda^n|A|$

(3) $|AB|=|A||B|$

6. 共轭矩阵

当 $A=(a_{ij})$ 为复矩阵时，用 $\bar{a}_{ij}$ 表示 a_{ij} 的共轭复数，$\bar{A}$ 称为 A 的共轭矩阵。共轭矩阵满足下列运算规律(设 A、B 为复矩阵，λ 为复数，且运算都是可行的)。

(1) $\overline{A+B}=\bar{A}+\bar{B}$

(2) $\overline{\lambda A}=\bar{\lambda}\bar{A}$

(3) $\overline{AB}=\bar{A}\bar{B}$

1.3.3 逆阵

定义：对于 n 阶矩阵 A，如果有一个 n 阶矩阵 B，使 $AB=BA=E$，则说矩阵 A 是可逆的，并把矩阵 B 称为矩阵 A 的逆矩阵，简称为逆阵。A 的逆阵记作 A^{-1}。如果矩阵 A 是可逆的，那么 A 的逆阵是唯一的。

定理 1 若矩阵 A 可逆，则 $|A|\neq0$。

定理 2 若 $|A|\neq0$，则矩阵 A 可逆，且

$$A^{-1}=\frac{\mathrm{adj}A_{ij}}{|A|} \tag{1-16}$$

其中，$\mathrm{adj}A_{ij}$ 为矩阵 A 的伴随阵，记作 $\mathrm{adj}A_{ij}=(-1)^{i+j}M_{ji}$，$M_{ji}$ 为 $|A|$ 的余子式。

若 $|A|=0$ 时，A 称为奇异矩阵，否则称为非奇异矩阵。

方阵的逆阵满足下列运算规律。

(1) 若 A 可逆，则 A^{-1} 也可逆，且 $(A^{-1})^{-1}=A$。

(2) 若 $\boldsymbol{A}$ 可逆，数 $\lambda\neq 0$，则 $\lambda\boldsymbol{A}$ 可逆，且 $(\lambda\boldsymbol{A})^{-1}=\frac{1}{\lambda}\boldsymbol{A}^{-1}$。

(3) 若 $\boldsymbol{A}$、$\boldsymbol{B}$ 为同阶矩阵且均为可逆，则 $\boldsymbol{AB}$ 也可逆，且 $(\boldsymbol{AB})^{-1}=\boldsymbol{B}^{-1}\boldsymbol{A}^{-1}$。

【例 1-11】 求矩阵 $\boldsymbol{A}=\begin{bmatrix} s & -1 & 0 \\ 0 & s & -1 \\ 1 & 2 & s+3 \end{bmatrix}$ 的逆阵。

解：由定理 2 可知，$\boldsymbol{A}^{-1}=\frac{\mathrm{adj}\boldsymbol{A}_{ij}}{|\boldsymbol{A}|}$。则

$$|\boldsymbol{A}|=\begin{vmatrix} s & -1 & 0 \\ 0 & s & -1 \\ 1 & 2 & s+3 \end{vmatrix}=s\begin{vmatrix} s & -1 \\ 2 & s+3 \end{vmatrix}+\begin{vmatrix} -1 & 0 \\ s & -1 \end{vmatrix}$$

$$=s(s^2+3s+2)+1=s^3+3s^2+2s+1$$

伴随阵 $\mathrm{adj}\boldsymbol{A}_{ij}=(-1)^{i+j}M_{ji}$，再计算 $|\boldsymbol{A}|$ 的余子式。

$$M_{11}=\begin{vmatrix} s & -1 \\ 2 & s+3 \end{vmatrix}=s^2+3s+2 \quad M_{12}=\begin{vmatrix} 0 & -1 \\ 1 & s+3 \end{vmatrix}=1 \quad M_{13}=\begin{vmatrix} 0 & s \\ 1 & 2 \end{vmatrix}=-s$$

$$M_{21}=\begin{vmatrix} -1 & 0 \\ 2 & s+3 \end{vmatrix}=-s-3 \quad M_{22}=\begin{vmatrix} s & 0 \\ 1 & s+3 \end{vmatrix}=s^2+3s \quad M_{23}=\begin{vmatrix} s & -1 \\ 1 & 2 \end{vmatrix}=2s+1$$

$$M_{31}=\begin{vmatrix} -1 & 0 \\ s & -1 \end{vmatrix}=1 \quad M_{32}=\begin{vmatrix} s & 0 \\ 0 & -1 \end{vmatrix}=-s \quad M_{33}=\begin{vmatrix} s & -1 \\ 0 & s \end{vmatrix}=s^2$$

伴随阵 $\mathrm{adj}\boldsymbol{A}_{ij}=\begin{bmatrix} s^2+3s+2 & s+3 & 1 \\ -1 & s^2+3s & s \\ -s & -2s-1 & s^2 \end{bmatrix}$，所以有

$$\boldsymbol{A}^{-1}=\frac{\mathrm{adj}\boldsymbol{A}_{ij}}{|\boldsymbol{A}|}=\frac{1}{s^3+3s^2+2s+1}\begin{bmatrix} s^2+3s+2 & s+3 & 1 \\ -1 & s^2+3s & s \\ -s & -2s-1 & s^2 \end{bmatrix}$$

1.4 MATLAB 在线性代数中的应用

MATLAB 的全称为 Matrix Laboratory，由此可知，MATLAB 主要是处理矩阵，即使是常数，也可以看作 1×1 阶的矩阵。

1.4.1 矩阵

在 MATLAB 中，矩阵的构成包括以下要素。

(1) 整个矩阵用"[ ]"括起来。

(2) 矩阵各元素之间使用空格或","分隔。

(3) 矩阵的行与行之间用";"或回车符区别。

(4) 矩阵在 MATLAB 中按先列后行的方式储存。

(5) 矩阵元素可以是数值、变量、表达式或函数。

(6) 矩阵的尺寸不必预先定义。

(7) 矩阵运算应符合矩阵运算规则。

在 MATLAB 的命令窗口直接输入矩阵是最方便简洁的矩阵创建方法，只要遵守矩阵创建的原则，直接输入矩阵元素。如果不希望显示结果，在命令行的最后加上分号";"即可。另外，多条命令可以放在同一行，中间用逗号或分号隔开。

【例 1-12】 在命令窗口中创建矩阵$\begin{bmatrix}1 & 2 & 3\\4 & 5 & 6\\7 & 8 & 9\end{bmatrix}$。

解：在命令窗口中直接输入如下命令。

```
>> x = [1 2 3;4 5 6;7 8 9]
```

按回车键即可执行，其运行结果为

```
x =
     1     2     3
     4     5     6
     7     8     9
```

1.4.2 矩阵的运算

1. 矩阵的加减

需要注意的是，相加减的两个矩阵必须具有相同的阶数。

【例 1-13】 求矩阵 $\boldsymbol{A}=\begin{bmatrix}7 & 8 & 9\\1 & 2 & 3\\4 & 6 & 5\end{bmatrix}$和矩阵 $\boldsymbol{B}=\begin{bmatrix}1 & 0 & 1\\1 & 2 & 3\\3 & 4 & 5\end{bmatrix}$的和。

解：在命令窗口中直接输入如下命令。

```
>> a = [7 8 9;1 2 3;4 6 5];
>> b = [1 0 1;1 2 3;3 4 5];
>> c = a + b
```

按回车键即可执行，其运行结果为

```
c =
     8     8    10
     2     4     6
     7    10    10
```

2. 矩阵的乘法

矩阵的乘法使用"＊"运算符，要求相乘的矩阵有相邻的公共阶，即矩阵 $\boldsymbol{A}$ 为 $n\times m$ 阶、矩阵 $\boldsymbol{B}$ 为 $m\times k$ 阶时，矩阵 $\boldsymbol{A}$、$\boldsymbol{B}$ 才能相乘。

【例 1-14】 求矩阵 $\boldsymbol{A}=\begin{bmatrix}7 & 8 & 9\\1 & 2 & 3\\4 & 6 & 5\end{bmatrix}$和矩阵 $\boldsymbol{B}=\begin{bmatrix}1 & 2 & 3\end{bmatrix}$的乘积。

解：在命令窗口中直接输入两个矩阵，并分别计算 $\boldsymbol{A}*\boldsymbol{B}$ 和 $\boldsymbol{B}*\boldsymbol{A}$。

```
>> a = [7 8 9;1 2 3;4 6 5];
>> b = [1 2 3];
>> c = a * b
??? Error using ==> *
Inner matrix dimensions must agree.
>> c = b * a
c =
    21    30    30
```

从运行结果可以看出，只有符合相乘的矩阵有相邻的公共阶要求，它们才能完成乘法运算；如果不满足这个要求，系统则会自动给出提示。

3. 矩阵的除法

MATLAB 中的矩阵除法有两种，分别为左除和右除，左除的运算符用“\”表示，右除的运算符用“/”表示。如果矩阵 $\boldsymbol{A}$ 为非奇异矩阵，则 $\boldsymbol{A}\backslash\boldsymbol{B}$ 和 $\boldsymbol{B}/\boldsymbol{A}$ 的运算都可以实现。

【例 1-15】 求矩阵 $\boldsymbol{A}=[1\quad 2\quad 3]$ 和矩阵 $\boldsymbol{B}=[4\quad 5\quad 6]$ 的商。

解：在命令窗口中直接输入如下命令。

```
>> a = [1 2 3];
>> b = [4 5 6];
>> c = a\b
```

按回车键即可执行，其运行结果为

```
c =
         0         0         0
         0         0         0
    1.3333    1.6667    2.0000
```

再在命令窗口中输入如下命令。

```
>> c = b/a
```

按回车键，其运行结果为

```
c =
    2.2857
```

4. 矩阵的转置

矩阵的转置用符号“'”来表示和实现。

【例 1-16】 求矩阵 $\boldsymbol{B}=[4\quad 5\quad 6]$ 的转置。

解：在命令窗口中直接输入如下命令。

```
>> b = [4 5 6];
>> c = b'
```

按回车键即可执行，其运行结果为

```
c =
     4
     5
     6
```

如果矩阵是复数矩阵,则它的转置为复数共轭转置。

【例 1-17】 求矩阵 $\mathbf{A}=[1+2i \quad 3+4i]$ 的转置。

解:在命令窗口中直接输入如下命令。

```
>> a = [1 + 2i 3 + 4i];
>> c = a'
```

按回车键即可执行,其运行结果为

```
c =
   1.0000 - 2.0000i
   3.0000 - 4.0000i
```

5. 矩阵的逆

MATLAB 中的逆矩阵给出了函数 inv()。

【例 1-18】 求矩阵 $\mathbf{A}=\begin{bmatrix}2 & 0 & 0\\0 & 1 & 0\\0 & 0 & 1\end{bmatrix}$ 的逆阵。

解:在命令窗口中直接输入如下命令。

```
>> a = [2 0 0;0 1 0;0 0 1];
>> inv(a)
```

按回车键,其运行结果为

```
ans =
    0.5000         0         0
         0    1.0000         0
         0         0    1.0000
```

6. 矩阵的秩

MATLAB 提供了一个可以求已知矩阵秩的函数 rank()。

【例 1-19】 求矩阵 $\mathbf{A}=\begin{bmatrix}4 & 5 & 2 & 3\\7 & 1 & 3 & 6\\1 & 3 & 4 & 10\\6 & 5 & 4 & 3\end{bmatrix}$ 的秩。

解:在命令窗口中直接输入如下命令。

```
>> a = [4 5 2 3;7 1 3 6;1 3 4 10;6 5 4 3];
>> rank(a)
```

按回车键,其运行结果为

```
ans =
     4
```

7. 矩阵的行列式

MATLAB 提供了一个可以求已知矩阵的行列式的函数 det()。

【例 1-20】 求矩阵 $\mathbf{A}=\begin{bmatrix}4 & 5 & 2 & 3\\7 & 1 & 3 & 6\\1 & 3 & 4 & 10\\6 & 5 & 4 & 3\end{bmatrix}$的行列式的值。

解：在命令窗口中直接输入如下命令。

```
>> a = [4 5 2 3;7 1 3 6;1 3 4 10;6 5 4 3];
>> det(a)
```

按回车键，其运行结果为

```
ans =
   522
```

本章小结

现代控制理论的数学基础是线性代数中的矩阵，本章重点介绍了行列式、矩阵的基本概念及其运算，要求熟练掌握这些矩阵、行列式的基本操作，为今后深入研究现代控制理论有关知识奠定基础。

MATLAB 的核心与基础就是以矩阵为代表的基本运算功能，矩阵是 MATLAB 的基本操作对象，本章围绕矩阵的基本操作，即通过示例较详细地介绍了矩阵的常用运算。

习　题

1-1　计算下列各行列式。

(1) $D=\begin{vmatrix}4 & 1 & 2 & 4\\1 & 2 & 0 & 2\\10 & 5 & 2 & 0\\0 & 1 & 1 & 7\end{vmatrix}$　　(2) $D=\begin{vmatrix}2 & 0 & 1\\1 & -4 & -1\\-1 & 8 & 3\end{vmatrix}$

(3) $D=\begin{vmatrix}x & y & x+y\\y & x+y & x\\x+y & x & y\end{vmatrix}$　　(4) $D=\begin{vmatrix}3 & 1 & -1 & 2\\-5 & 1 & 3 & -4\\2 & 0 & 1 & -1\\1 & -5 & 3 & -3\end{vmatrix}$

1-2　计算下列矩阵的乘积。

(1) $\begin{bmatrix}4 & 3 & 1\\1 & -2 & 3\\5 & 7 & 0\end{bmatrix}\begin{bmatrix}7\\2\\1\end{bmatrix}$　　(2) $\begin{bmatrix}1 & 2 & 3\end{bmatrix}\begin{bmatrix}3\\2\\1\end{bmatrix}$

(3) $\begin{bmatrix}2\\1\\3\end{bmatrix}\begin{bmatrix}-1 & 2\end{bmatrix}$　　(4) $\begin{bmatrix}2 & 1 & 4 & 0\\1 & -1 & 3 & 4\end{bmatrix}\begin{bmatrix}1 & 3 & 1\\0 & -1 & 2\\1 & -3 & 1\\4 & 0 & -2\end{bmatrix}$

1-3　设矩阵 $\boldsymbol{A}=\begin{bmatrix}9 & 8 & 1\\6 & 5 & 4\\3 & 2 & 1\end{bmatrix}$,分别对矩阵 $\boldsymbol{A}$ 进行如下操作。

(1) 求矩阵 $\boldsymbol{A}$ 的转置;

(2) 求矩阵 $\boldsymbol{A}$ 的行列式;

(3) 求矩阵 $\boldsymbol{A}$ 的秩。

1-4　求矩阵 $\boldsymbol{A}=\begin{bmatrix}1 & 2 & 0\\2 & 5 & -1\\4 & 10 & -3\end{bmatrix}$的逆阵。

第2章

状态空间法概述

经典控制理论主要讨论线性定常单变量控制系统。对于非线性系统、时变系统、多变量控制系统等,经典控制理论就无法解决了。

现代控制理论主要研究多输入和多输出系统,以解决经典控制理论不能解决的问题。系统可以是线性或非线性的、定常或时变的。本章重点讨论现代控制理论中状态空间法的基本概念及表达方式。

2.1 状态空间法的基本概念

2.1.1 现代控制理论与经典控制理论的比较

现代控制理论源于 20 世纪 60 年代,以庞特里亚金(Pontryagin)的极大值原理、贝尔曼(Bellman)动态规划和卡尔曼(Kalman)滤波技术为标志。经典控制理论以单变量系统为研究对象,以频率法为主要研究方法,而现代控制理论以多变量系统为研究对象,以状态空间法为研究方法。现代控制理论与经典控制理论的比较如表 2-1 所示。

表 2-1 现代控制理论与经典控制理论的比较

比较项目	现代控制理论	经典控制理论
对象	线性与非线性、定常与时变、单变量与多变量、连续与离散系统	单输入-单输出线性定常系统
方法	时域矩阵法	频率法
数学工具	矩阵与向量空间理论	拉普拉斯变换
数学模型	状态空间表达式	传递函数
基本内容	线性系统基础理论(包括系统的数学模型、运动分析、稳定性的分析、能控性与可观测性、状态反馈与观测器)、系统辨识、最优控制、自适应控制、最佳滤波及鲁棒性控制	时域法、频域法、根轨迹法、描述函数法、相平面法、代数与几何稳定判据、校正网络设计、Z 变换法
主要问题	最优化问题	稳定性问题
控制装置	数字计算机	无源与有源 RC 网络
着眼点	状态	输出
评价	具有优越性,更适合处理复杂系统的控制问题	具体情况具体分析,适宜处理较简单系统的控制问题

2.1.2 状态变量、状态向量和状态空间

在研究控制系统的状态空间法之前，先介绍几个基本术语。

1. 状态

状态是指系统中某个量在某一时刻的状况，如 RC 电路中电流、电容电压、电阻电压等都反映了 RC 电路的状态。

2. 状态变量

状态变量是指能完整和确定地描述系统的时域行为的一组最小变量。一个用 n 阶微分方程描述的系统就有 n 个状态变量。

3. 状态向量

以状态变量为元所组成的向量称为状态向量，用 $\boldsymbol{x}(t)$ 表示。设以 $x_1(t),x_2(t),\cdots,x_n(t)$ 作为状态向量的分量，可表示为

$$\boldsymbol{x}(t)=\begin{bmatrix}x_1(t)\\x_2(t)\\\cdots\\x_n(t)\end{bmatrix}\quad 或\quad \boldsymbol{x}^{\mathrm{T}}(t)=[x_1(t)x_2(t)\cdots x_n(t)]$$

4. 状态空间

以状态变量 $x_1(t),x_2(t),\cdots,x_n(t)$ 为坐标轴构成的 n 维正交空间，称为状态空间。系统在任何时刻的状态向量 $\boldsymbol{x}(t)$ 在状态空间中是一个点。系统随时间的变化过程使 $\boldsymbol{x}(t)$ 在状态空间中描绘出一条轨迹。

5. 状态方程

在状态空间中，将反映动态过程的 n 阶微分方程或传递函数，转换成一阶微分方程组的形式，然后将一阶方程组用矩阵和向量表示成一个表达式，这就是状态方程。

6. 输出方程

在指定了系统输出的情况下，该输出与状态变量间的函数关系式，称为系统的输出方程。

7. 状态空间表达式

将状态方程与描述系统状态变量和系统输出变量之间关系的输出方程一起构成状态空间表达式。例如，线性定常系统的状态空间表达式为

$$\begin{cases}\dot{\boldsymbol{x}}(t)=\boldsymbol{A}\boldsymbol{x}(t)+\boldsymbol{B}\boldsymbol{u}(t)\\\boldsymbol{y}(t)=\boldsymbol{C}\boldsymbol{x}(t)+\boldsymbol{D}\boldsymbol{u}(t)\end{cases}\tag{2-1}$$

式中：$\boldsymbol{x}(t)$、$\dot{\boldsymbol{x}}(t)$分别为 n 维状态向量及其一阶导数；$\boldsymbol{u}(t)$、$\boldsymbol{y}(t)$分别为系统的 r 维输入函数和 m 维输出量；$\boldsymbol{A}$ 为 $n\times n$ 系统矩阵；$\boldsymbol{B}$ 为 $n\times r$ 控制矩阵；$\boldsymbol{C}$ 为 $m\times n$ 输出矩阵；$\boldsymbol{D}$ 为 $m\times r$ 系数矩阵。

【例 2-1】 RLC 电路如图 2-1 所示。设 u 为输入变量，i 为输出变量，试求该电路的状态空间表达式。

解：根据电学原理，很容易求出 RLC 电路的微分方程：

$$L\frac{\mathrm{d}i}{\mathrm{d}t}+Ri+\frac{1}{C}\int i\,\mathrm{d}t=u\tag{2-2}$$

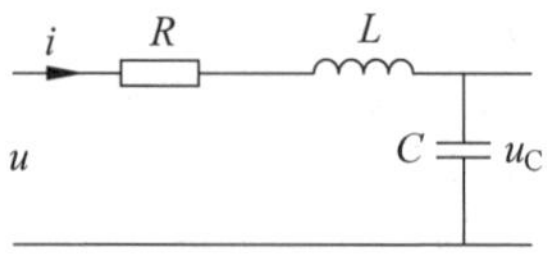

图 2-1　RLC 电路

设状态变量为

$$\begin{cases} x_1(t)=i(t) \\ x_2(t)=\int i(t)\mathrm{d}t \end{cases} \tag{2-3}$$

将式(2-3)代入式(2-2)，可得一阶微分方程组：

$$\begin{cases} \dfrac{\mathrm{d}x_1(t)}{\mathrm{d}t}=-\dfrac{R}{L}x_1(t)-\dfrac{1}{LC}x_2(t)+\dfrac{1}{L}u(t) \\ \dfrac{\mathrm{d}x_2(t)}{\mathrm{d}t}=x_1(t) \end{cases} \tag{2-4}$$

写成状态方程为

$$\begin{bmatrix} \dot{x}_1(t) \\ \dot{x}_2(t) \end{bmatrix}=\begin{bmatrix} -\dfrac{R}{L} & -\dfrac{1}{LC} \\ 1 & 0 \end{bmatrix}\begin{bmatrix} x_1(t) \\ x_2(t) \end{bmatrix}+\begin{bmatrix} \dfrac{1}{L} \\ 0 \end{bmatrix}u(t) \tag{2-5}$$

设 $y(t)=i(t)$，则相应的输出方程为

$$y(t)=\begin{bmatrix} 1 & 0 \end{bmatrix}\begin{bmatrix} x_1(t) \\ x_2(t) \end{bmatrix} \tag{2-6}$$

再将式(2-5)和式(2-6)写成式(2-1)的形式：

$$\begin{cases} \dot{\boldsymbol{x}}(t)=\boldsymbol{A}\boldsymbol{x}(t)+\boldsymbol{B}u(t) \\ \boldsymbol{y}(t)=\boldsymbol{C}\boldsymbol{x}(t) \end{cases}$$

式中：$\boldsymbol{x}(t)=\begin{bmatrix} x_1(t) \\ x_2(t) \end{bmatrix}$；$\boldsymbol{A}=\begin{bmatrix} -\dfrac{R}{L} & -\dfrac{1}{LC} \\ 1 & 0 \end{bmatrix}$；$\boldsymbol{B}=\begin{bmatrix} \dfrac{1}{L} \\ 0 \end{bmatrix}$；$\boldsymbol{C}=[1\quad 0]$。

式(2-5)是状态方程，式(2-6)为输出方程。

一个 $n\times n$ 阶矩阵的特征方程为 $|\lambda\boldsymbol{I}-\boldsymbol{A}|=0$。其中，$\lambda$ 为特征方程的根，称为系统矩阵的特征值或特征根。当对系统作非奇异的状态变换后，系统矩阵的特征值是不变的，即特征值的不变性。

【例 2-2】 已知线性定常系统的状态方程为 $\dot{\boldsymbol{X}}=\begin{bmatrix} 1 & -1 & 0 \\ -1 & 1 & 0 \\ 0 & 0 & 1 \end{bmatrix}\boldsymbol{X}$，试求系统的特征值。

解：

$$|\lambda\boldsymbol{I}-\boldsymbol{A}|=\begin{vmatrix} \lambda-1 & 1 & 0 \\ 1 & \lambda-1 & 0 \\ 0 & 0 & \lambda \end{vmatrix}=\lambda^3-3\lambda^2+2\lambda=\lambda(\lambda-1)(\lambda-2)=0$$

所以有 $\lambda=0,\lambda=1,\lambda=2$。

2.2 状态空间法的建立

2.2.1 状态空间法的组成

1. 状态空间表达式

通过例子说明建立控制系统的状态空间表达式的步骤，它是分析控制系统性能的基础。

【例 2-3】 一个 RLC 无源网络如图 2-2 所示，试建立其状态空间表达式。

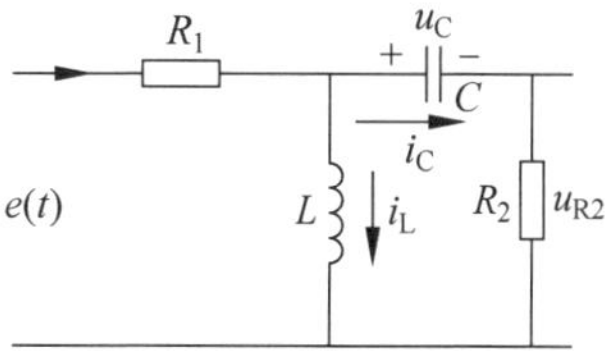

图 2-2 RLC 无源网络

解：(1) 确定状态变量。

在图 2-2 所示的网络中，u_C 和 i_L 可构成最小变量组，当给定 u_C 和 i_L 初值及输入量 $e(t)$后，网络各部分的电流、电压在 $t\geqslant 0$ 的状态就完全确定了。所以选择 u_C、i_L 为状态变量，构成的状态向量为 $\boldsymbol{x}=\begin{bmatrix}u_C\\ i_L\end{bmatrix}$。

(2) 列写网络的微分方程并化为一阶微分方程组。

根据基尔霍夫定律，得

$$\begin{cases}R_1(i_L+i_C)+L\dfrac{\mathrm{d}i_L}{\mathrm{d}t}=e(t)\\ R_1(i_L+i_C)+u_C+R_2i_C=e(t)\end{cases}\tag{2-7}$$

将 $i_C=C\dfrac{\mathrm{d}u_C}{\mathrm{d}t}$代入式(2-7)，整理得

$$\begin{cases}R_1i_L+R_1\dfrac{\mathrm{d}u_C}{\mathrm{d}t}+L\dfrac{\mathrm{d}i_L}{\mathrm{d}t}=e(t)\\ R_1i_L+R_1C\dfrac{\mathrm{d}u_C}{\mathrm{d}t}+u_C+R_2C\dfrac{\mathrm{d}u_C}{\mathrm{d}t}=e(t)\end{cases}\tag{2-8}$$

由式(2-8)可得

$$(R_1+R_2)C\frac{\mathrm{d}u_C}{\mathrm{d}t}=-u_C-R_1i_L+e(t)\tag{2-9}$$

即

$$\frac{\mathrm{d}u_C}{\mathrm{d}t}=-\frac{1}{C(R_1+R_2)}u_C-\frac{R_1}{C(R_1+R_2)}i_L+\frac{1}{C(R_1+R_2)}e(t)\tag{2-10}$$

由式(2-8)可得

$$L\frac{\mathrm{d}i_L}{\mathrm{d}t}=-R_1C\frac{\mathrm{d}u_C}{\mathrm{d}t}-R_1i_L+e(t)\tag{2-11}$$

将式(2-10)代入式(2-11)，整理得

$$\frac{\mathrm{d}i_L}{\mathrm{d}t}=\frac{R_1}{L(R_1+R_2)}u_C-\frac{R_1R_2}{L(R_1+R_2)}i_L+\frac{R_2}{L(R_1+R_2)}e(t)\tag{2-12}$$

(3) 确定状态空间表达式。

由式(2-10)、式(2-12)可以写出 RLC 无源网络的状态方程为

$$\begin{bmatrix}\dot{u}_C\\ \dot{i}_L\end{bmatrix}=\begin{bmatrix}-\dfrac{1}{C(R_1+R_2)} & -\dfrac{R_1}{C(R_1+R_2)}\\ \dfrac{R_1}{L(R_1+R_2)} & -\dfrac{R_1R_2}{L(R_1+R_2)}\end{bmatrix}\begin{bmatrix}u_C\\ i_L\end{bmatrix}+\begin{bmatrix}\dfrac{1}{C(R_1+R_2)}\\ \dfrac{R_2}{L(R_1+R_2)}\end{bmatrix}e(t) \tag{2-13}$$

RLC 无源网络的输出方程为

$$u_{R2}=R_2i_C=R_2C\frac{du_C}{dt}=-\frac{R_1}{R_1+R_2}u_C-\frac{R_1R_2}{R_1+R_2}i_L+\frac{R_2}{R_1+R_2}e(t)$$

$$u_{R2}=\begin{bmatrix}-\dfrac{R_2}{R_1+R_2} & -\dfrac{R_1R_2}{R_1+R_2}\end{bmatrix}\begin{bmatrix}u_C\\ i_L\end{bmatrix}+\begin{bmatrix}\dfrac{R_2}{R_1+R_2}\end{bmatrix}e(t) \tag{2-14}$$

其中，$\boldsymbol{A}=\begin{bmatrix}-\dfrac{1}{C(R_1+R_2)} & -\dfrac{R_1}{C(R_1+R_2)}\\ \dfrac{R_1}{L(R_1+R_2)} & -\dfrac{R_1R_2}{L(R_1+R_2)}\end{bmatrix}$；$\boldsymbol{B}=\begin{bmatrix}\dfrac{1}{C(R_1+R_2)}\\ \dfrac{R_2}{L(R_1+R_2)}\end{bmatrix}$；

$\boldsymbol{C}=\begin{bmatrix}-\dfrac{R_2}{R_1+R_2} & -\dfrac{R_1R_2}{R_1+R_2}\end{bmatrix}$；$\boldsymbol{D}=\begin{bmatrix}\dfrac{R_2}{R_1+R_2}\end{bmatrix}$。

状态变量为 $\boldsymbol{x}=\begin{bmatrix}u_C\\ i_L\end{bmatrix}$，输入量为 $u=e(t)$，输出量为 $y=u_{R2}$。

所以，一个控制系统可以用状态方程和输出方程表示，即

$$\begin{cases}\dot{\boldsymbol{x}}=\boldsymbol{Ax}+\boldsymbol{Bu}\\ \boldsymbol{y}=\boldsymbol{Cx}+\boldsymbol{Du}\end{cases}$$

2. 状态变量图

控制系统除了可以用状态方程与输出方程(即状态空间表达式)表示外，还可以用状态变量图表示。

系统的状态变量图就是根据系统的微分方程或传递函数绘制的系统信号传递图。状态变量图所采用的图形符号只有积分环节、相加点和比例环节三种，如图 2-3 所示。

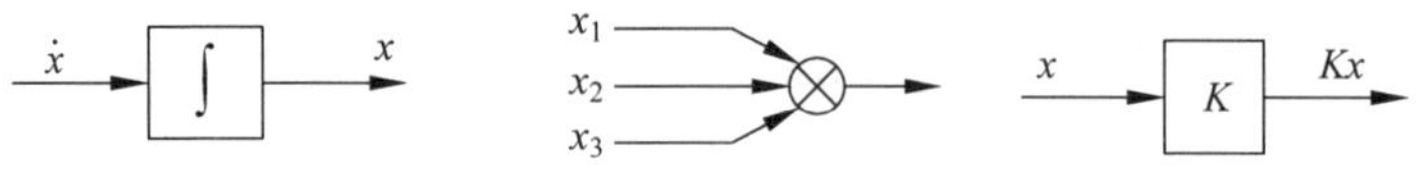

(a) 积分环节　(b) 相加点　(c) 比例环节

图 2-3　状态变量图的基本符号

状态变量图的一个重要特点是每一个积分环节的输出都代表系统的一个状态变量。例如，状态空间表达式(2-1)就可以用状态变量图表示，如图 2-4 所示。

状态空间表达式和状态变量图都清楚地表征了输入量对系统内部状态的因果关系，又反映了内部状态对外部输出量的影响。

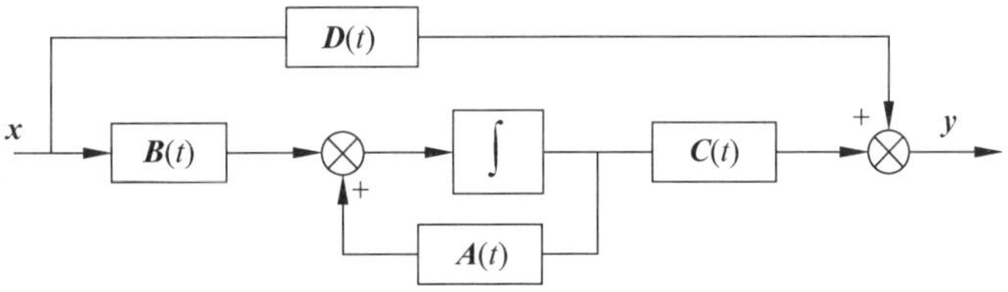

图 2-4　某系统的状态空间表达式的变量图

2.2.2　状态空间法的特点

通过对控制系统状态空间描述的理解,可总结出状态空间法具有以下几个特点。

(1) 状态空间法描述的是“输入-状态-输出”这一过程,而经典控制理论只讨论“输入-输出”的关系。因此,系统状态空间法揭示了系统问题的本质,即输入引起状态变化,而状态决定了输出。

(2) 系统的状态变量个数等于且仅等于系统所包含的独立储能元件的个数,因此一个 n 阶系统有且仅有 n 个状态变量可以选择。

(3) 对于给定的控制系统,状态变量的选择不唯一。如果 $\boldsymbol{x}$ 是系统的一个状态向量,只要矩阵 $\boldsymbol{P}$ 是非奇异的,则 $\hat{\boldsymbol{x}}=\boldsymbol{P}^{-1}\boldsymbol{x}$ 也是它的一个状态向量。

(4) 一般来说,状态变量不一定是可测量或可观察的物理量,但从控制系统的构成来看,选择可测量或可观察的物理量作为状态变量更为合适。

(5) 对于已知结构和参数的控制系统,建立其状态空间描述的步骤为: ①选择状态变量; ②根据物理或其他方面的机制或定律列写微分方程,并将其化为状态变量一阶微分方程组; ③将一阶微分方程组转换为向量矩阵形式,即得到状态空间描述。

(6) 系统状态空间法是在时域内的一种矩阵运算方法,特别适于计算机计算。

本章小结

本章介绍了状态空间法的基本概念,特别是状态变量个数的唯一性及状态变量组选择的不唯一性。从物理学角度来看,状态变量个数的唯一性是系统包含的独立储能元件的个数; 从数学角度来看,状态变量个数的唯一性是 n 阶微分方程有 n 个独立的状态变量。

状态空间表达式由状态方程和输出方程两部分组成,同一系统的状态变量组的选择不同,建立的状态空间表达式不同,它们之间有着线性非奇异变换的联系。

通过示例阐述了如何建立状态空间表达式的一般步骤。

习　题

2-1　试求图 2-5 所示的 RLC 串联回路的状态方程与输出方程(取 $q(t)=i(t)\mathrm{d}t$ 和 $i(t)$为状态变量)。如果把 R 两端的电压 $u_{\mathrm{R}}(t)$也当作输出来研究,求出这时的输出方程。

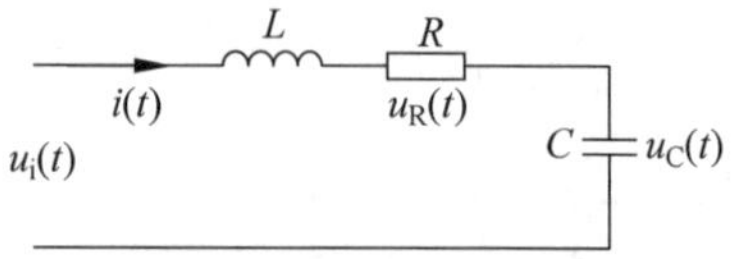

图 2-5　RLC 串联回路

2-2　如图 2-6 所示的 RLC 电路，设 u 为输入变量，i 为输出变量，试求该电路的状态空间表达式。状态变量为 $\begin{cases} x_1(t)=i(t) \\ x_2(t)=\int i(t)\mathrm{d}t \end{cases}$。

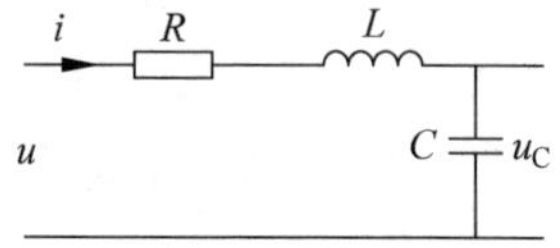

图 2-6　RLC 电路

2-3　一个 RLC 无源网络如图 2-7 所示，试建立其状态空间表达式。状态向量为 $\boldsymbol{x}=\begin{bmatrix} u_C \\ i_L \end{bmatrix}$。

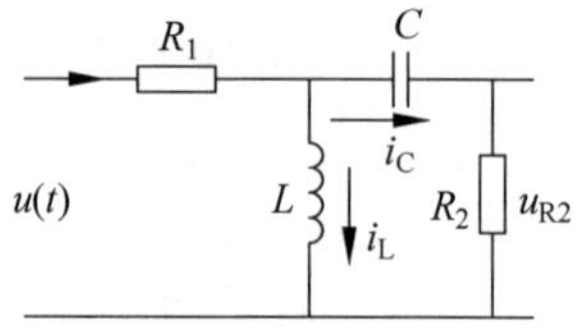

图 2-7　RLC 无源网络

2-4　已知线性定常系统的状态方程为 $\dot{\boldsymbol{X}}=\begin{bmatrix} 1 & -1 & 0 \\ -1 & 1 & 0 \\ 0 & 0 & 1 \end{bmatrix}\boldsymbol{X}$，试求系统的特征值。

第3章

状态空间法的表达方式

在经典控制理论中，常采用高阶微分方程和传递函数描述线性系统。现代控制理论则主要采用状态空间表达式描述控制系统。本章主要研究在时域和频域中所建立的数学模型与状态空间表达式之间的转换关系。

3.1 一般时域描述转换为状态空间描述

3.1.1 微分方程转换为状态空间描述的工作原理

通常控制系统的时域模型表征为如下一般形式：

$$y^{(n)}+a_1y^{(n-1)}+\cdots+a_{(n-1)}\dot{y}+a_ny=b_0u^{(m)}+b_1u^{(m-1)}+\cdots+b_{m-1}u+b_mu \tag{3-1}$$

要将时域描述转化为状态空间表达式的关键是适当选择系统的状态变量，求出相应的系数矩阵 $\boldsymbol{A}$、$\boldsymbol{B}$、$\boldsymbol{C}$、$\boldsymbol{D}$。在这里，仅讨论输入量 u 不含导数的情况。

1. 选择状态变量

一个 n 阶系统，具有 n 个状态变量。因为当给定 $y(0),\dot{y}(0),\cdots,y^{(n-1)}(0)$ 和输入量 $u(t)$ 后，系统在 $t\geqslant 0$ 时的变化就完全确定了。所以，取 $y,\dot{y},\cdots,y^{(n-1)}$ 为系统的一组状态变量。

令

$$\begin{cases}x_1=y\\x_2=\dot{y}\\\quad\cdots\\x_n=y^{(n-1)}\end{cases} \tag{3-2}$$

2. 将高阶微分方程化为一阶微分方程组

$$\begin{cases}\dot{x}_1=\dot{y}=x_2\\\dot{x}_2=\ddot{y}=x_3\\\cdots\\\dot{x}_{n-1}=y^{(n-1)}=x_n\\\dot{x}_n=y^{(n)}=-a_nx_1-a_{n-1}x_2-\cdots-a_1x_n+b_nu\end{cases} \tag{3-3}$$

同时,系统的输出关系为

$$y=x_1 \tag{3-4}$$

3. 将一阶微分方程组转化为向量形式

设

$$\boldsymbol{x}=\begin{bmatrix}x_1\\x_2\\\vdots\\x_n\end{bmatrix},\quad \boldsymbol{u}=[u],\quad \boldsymbol{y}=[y]$$

写成状态方程为

$$\begin{bmatrix}\dot{x}_1\\\dot{x}_2\\\vdots\\\dot{x}_n\end{bmatrix}=\begin{bmatrix}0 & 1 & 0 & \cdots & 0\\0 & 0 & 1 & \cdots & 0\\\vdots & \ddots & 0 & \ddots & \vdots\\0 & 0 & \ddots & 0 & 1\\a_n & -a_{n-1} & \cdots & \cdots & a_1\end{bmatrix}\begin{bmatrix}x_1\\x_2\\\vdots\\x_{n-1}\\x_n\end{bmatrix}+\begin{bmatrix}0\\0\\\vdots\\0\\b_n\end{bmatrix}[u] \tag{3-5}$$

输出方程为

$$y=[1\quad 0\quad \cdots\quad 0]\begin{bmatrix}x_1\\x_2\\\vdots\\x_n\end{bmatrix} \tag{3-6}$$

3.1.2 微分方程转换为状态空间描述的示例

【例 3-1】 系统的微分方程式为 $\dddot{y}+6\ddot{y}+11\dot{y}+6y=6u$,试求出系统的状态空间表达式。

解:选取状态变量为 $x_1=y,x_2=\dot{y},x_3=\ddot{y}$。

从微分方程中解出最高导数项 $\dddot{y}$,将 $x_1=y,x_2=\dot{y},x_3=\ddot{y}$ 代入到系统的微分方程,则有

$$\dot{x}_1=\dot{y}=x_2,\quad \dot{x}_2=\ddot{y}=x_3,\quad \dot{x}_3=\dddot{y}=-6x_1-11x_2-6x_3+6u$$

用矩阵表示,则系统的状态方程为

$$\begin{bmatrix}\dot{x}_1\\\dot{x}_2\\\dot{x}_3\end{bmatrix}=\begin{bmatrix}0 & 1 & 0\\0 & 0 & 1\\-6 & -11 & -6\end{bmatrix}\begin{bmatrix}x_1\\x_2\\x_3\end{bmatrix}+\begin{bmatrix}0\\0\\6\end{bmatrix}u$$

输出方程为

$$y=[1\quad 0\quad 0]\begin{bmatrix}x_1\\x_2\\x_3\end{bmatrix}$$

3.2 系统的频域描述转换为状态空间描述

3.2.1 系统的频域描述转换为状态空间描述的工作原理

通常用传递函数描述线性定常系统，它的一般表达形式为

$$G(s)=\frac{Y(s)}{R(s)}=\frac{b_0 s^{m-1}+b_1 s^{m-2}+\cdots+b_{m-1}s+b_m}{s^n+a_1 s^{n-1}+\cdots+a_{n-1}s+a_n} \tag{3-7}$$

根据传递函数的极点分布情况，利用部分分式法可求出相应的状态方程，这样，状态方程与控制系统的极点就直接建立了联系，因此称为状态方程的规范形式。在这里仅讨论传递函数的极点为两两相异的情况。

设某系统的传递函数为

$$G(s)=\frac{Y(s)}{R(s)}=\frac{k_1}{s-s_1}+\frac{k_2}{s-s_2}+\cdots+\frac{k_n}{s-s_n} \tag{3-8}$$

式中：$s_1,s_2,\cdots,s_n$ 为两两相异的极点；待定系数 k_i 为

$$k_i=\lim_{s\to s_n}G(s)(s-s_i) \tag{3-9}$$

所以

$$Y(s)=k_1\frac{1}{s-s_1}R(s)+k_2\frac{1}{s-s_2}R(s)+\cdots+k_n\frac{1}{s-s_n}R(s) \tag{3-10}$$

1. 选择状态变量

令 $X_{i(s)}=\frac{1}{s-s_i}R(s)(i=1,2,\cdots,n)$为状态变量的拉普拉斯变换式，由此可得

$$\begin{cases} x_1(s)=\frac{1}{s-s_1}R(s) \\ x_2(s)=\frac{1}{s-s_2}R(s) \\ \cdots \\ x_{n-1}(s)=\frac{1}{s-s_{n-1}}R(s) \\ x_n(s)=\frac{1}{s-s_n}R(s) \end{cases} \tag{3-11}$$

2. 整理成一阶方程组

$$\begin{cases} sx_1(s)=s_1x_1(s)+R(s) \\ sx_2(s)=s_2x_2(s)+R(s) \\ \cdots \\ sx_{n-1}(s)=s_{n-1}x_{n-1}(s)+R(s) \end{cases} \tag{3-12}$$

输出方程为

$$Y(s)=k_1x_1(s)+k_2x_2(s)+\cdots+k_nx_n(s) \tag{3-13}$$

然后，对一阶方程组及输出方程取拉普拉斯反变换，得

$$\begin{cases}\dot{x}_1=s_1x_1+r\\ \dot{x}_2=s_2x_2+r\\ \vdots\\ \dot{x}_{n-1}=s_{n-1}x_{n-1}+r\\ \dot{x}_n=s_nx_n+r\\ y=k_1x_1+k_2x_2+\cdots+k_nx_n\end{cases} \tag{3-14}$$

3. 写成向量形式

$$\begin{bmatrix}\dot{x}_1\\ \dot{x}_2\\ \vdots\\ \dot{x}_n\end{bmatrix}=\begin{bmatrix}s_1 & & & 0\\ & s_2 & & \\ & & \ddots & \\ 0 & & & s_n\end{bmatrix}\begin{bmatrix}x_1\\ x_2\\ \vdots\\ x_n\end{bmatrix}+\begin{bmatrix}1\\ 1\\ \vdots\\ 1\end{bmatrix}\boldsymbol{r} \tag{3-15}$$

$$[y]=[k_1 \quad k_2 \quad \cdots \quad k_n]\begin{bmatrix}x_1\\ x_2\\ \vdots\\ x_n\end{bmatrix} \tag{3-16}$$

即状态方程为

$$\dot{\boldsymbol{x}}=\begin{bmatrix}s_1 & & & 0\\ & s_2 & & \\ & & \ddots & \\ 0 & & & s_n\end{bmatrix}\boldsymbol{x}+\begin{bmatrix}1\\ \vdots\\ 1\end{bmatrix}\boldsymbol{r} \tag{3-17}$$

输出方程为

$$\boldsymbol{y}=[k_1 \quad k_2 \quad \cdots \quad k_n]\boldsymbol{x} \tag{3-18}$$

式(3-17)称为对角线规范型。

3.2.2 系统的频域描述转换为状态空间描述的示例

【例 3-2】 某系统的传递函数为 $G(s)=\dfrac{6}{s^3+6s^2+11s+6}$，试求其状态空间表达式。

解：传递函数的极点为 $s_1=1,s_2=-2,s_3=-3$，待定系数 $k_i(i=1,2,3)$为

$$k_1=\lim_{s\to-1}G(s)(s+1)=\lim_{s\to-1}\frac{6}{(s+2)(s+3)}=3$$

$$k_2=\lim_{s\to-2}G(s)(s+2)=\lim_{s\to-2}\frac{6}{(s+1)(s+3)}=-6$$

$$k_3=\lim_{s\to-3}G(s)(s+3)=\lim_{s\to-3}\frac{6}{(s+1)(s+2)}=3$$

则状态空间表达式为

$$\begin{bmatrix}\dot{x}_1\\\dot{x}_2\\\dot{x}_3\end{bmatrix}=\begin{bmatrix}-1&0&0\\0&-2&0\\0&0&-3\end{bmatrix}\begin{bmatrix}x_1\\x_2\\x_3\end{bmatrix}+\begin{bmatrix}1\\1\\1\end{bmatrix}u$$

$$[y]=[3\quad -6\quad 3]\begin{bmatrix}x_1\\x_2\\x_3\end{bmatrix}$$

另外,也可以将控制系统由频域转换到时域,再用微分方程转换为状态空间描述的方法求得状态空间表达式。

【例 3-3】 已知某单位负反馈控制系统的开环传递函数为 $G(s)=\dfrac{1}{s(s+1)(s+2)}$,试求该系统的状态空间表达式。

解:系统的闭环传递函数为

$$G_B(s)=\frac{Y(s)}{R(s)}=\frac{G(s)}{1+G(s)}=\frac{1}{s^3+3s^2+2s+1}$$

由系统闭环传递函数,可求出系统的微分方程:

$$\dddot{y}+3\ddot{y}+2\dot{y}+y=r$$

(1) 选取状态变量,令 $\begin{cases}x_1=y\\x_2=\dot{y}\\x_3=\ddot{y}\end{cases}$

(2) 将微分方程化为一阶微分方程组:

$$\begin{cases}\dot{x}_1=\dot{y}=x_2\\\dot{x}_2=\ddot{y}=x_3\\\dot{x}_3=\dddot{y}=-y-2\dot{y}-3\ddot{y}+r=-x_1-2x_2-3x_3+r\end{cases}$$

(3) 写出矩阵向量形式:

$$\begin{bmatrix}\dot{x}_1\\\dot{x}_2\\\dot{x}_3\end{bmatrix}=\begin{bmatrix}0&1&0\\0&0&1\\-1&-2&-3\end{bmatrix}\begin{bmatrix}x_1\\x_2\\x_3\end{bmatrix}+\begin{bmatrix}0\\0\\1\end{bmatrix}r$$

$$y=[1\quad 0\quad 0]\begin{bmatrix}x_1\\x_2\\x_3\end{bmatrix}$$

3.2.3 用 MATLAB 求频域描述转换为状态空间描述

此外,我们还可以利用 MATLAB 仿真程序,实现例 3-2 传递函数向状态空间表达式转换,具体程序如下。

```
>> num = [0 0 0 1];
```

```
>> den = [1 3 2 1];
>> [A,B,C,D] = tf2ss(num,den)
```

输出结果如下。

```
A =
    -3   -2   -1
     1    0    0
     0    1    0
B =
     1
     0
     0
C =
     0    0    1
D =
     0
```

3.3 系统结构框图转换为状态空间描述

3.3.1 系统结构框图转换为状态空间描述的工作原理

状态变量图是根据控制系统的结构图取拉普拉斯反变换后的图形。这里仅分析输入量不含导数的一阶系统和二阶系统的情况。

1. 一阶系统的状态空间描述(输入函数不含导数项)

设某一阶系统不含输入函数的导数项的运动方程为

$$T\dot{y} + y = kr \tag{3-19}$$

对式(3-19)进行拉普拉斯变换,得传递函数:

$$\frac{Y(s)}{R(s)} = \frac{k}{Ts+1} = \frac{k}{T}\,\frac{s^{-1}}{1+\frac{1}{T}s^{-1}} \tag{3-20}$$

式中:y 为系统的输出函数;r 为系统的输入函数;T 为时间常数;k 为放大系数。

根据式(3-20)可画出一阶系统结构图,如图 3-1 所示,再将结构图改画成图 3-2 所示的一阶系统状态变量图。指定积分器的输出为状态变量 x_1,系统的输出函数 $y=x_1$。

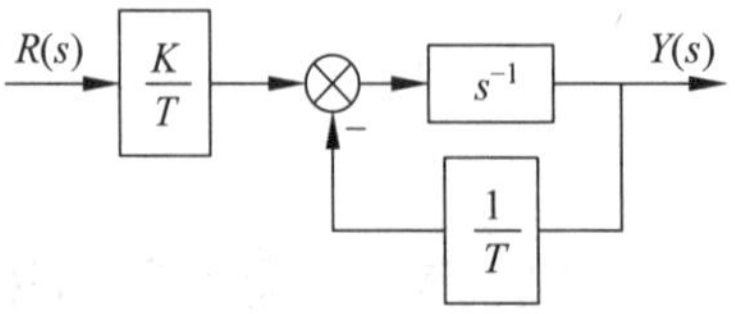

图 3-1　一阶系统结构图

由状态变量图写出系统的状态方程为

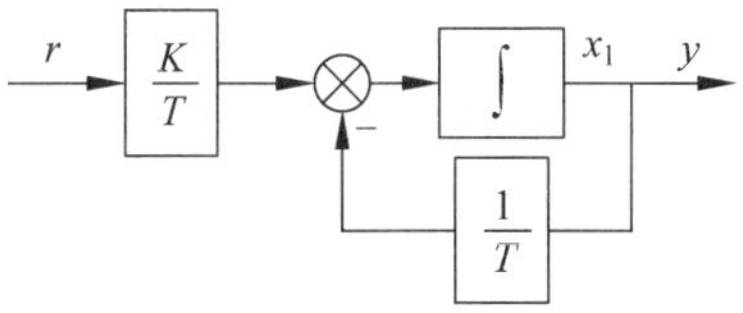

图 3-2　一阶系统状态变量图

$$\dot{x} = -\frac{1}{T}x_1 + \frac{k}{T}r$$

则系统的输出方程为 $y = x_1$。

2. 二阶系统的状态空间描述(输入函数不含导数项)

设某系统的微分方程为

$$T^2\ddot{y} + 2\zeta T\dot{y} + y = kr \tag{3-21}$$

对式(3-21)进行拉普拉斯变换后得

$$\frac{Y(s)}{R(s)} = \frac{k}{T^2s^2 + 2\zeta Ts + 1} = \frac{k}{T^2}\frac{(s^{-1})^2}{1 + \frac{2\zeta}{T}s^{-1} + \frac{1}{T^2}(s^{-1})^2} \tag{3-22}$$

根据式(3-22)画出如图 3-3 所示的二阶系统状态变量图。图中积分器的输出选定为系统的状态变量 $x_1 = y$ 及 $x_2 = \dot{x}_1$。

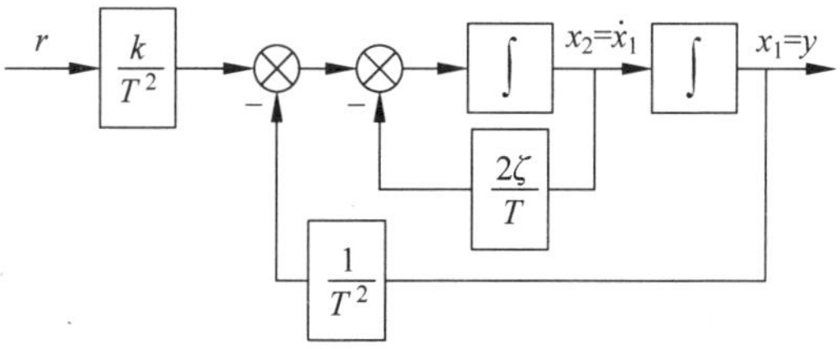

图 3-3　二阶系统状态变量图

根据状态变量图 3-3,求得该二阶线性系统的状态方程和输出方程为

$$\begin{cases} \dot{x}_1 = x_2 \\ \dot{x}_2 = -\frac{1}{T^2}x_1 - \frac{2\zeta}{T}x_2 + \frac{k}{T^2}r \end{cases}$$

$$y = x_1$$

即

$$\begin{bmatrix} \dot{x}_1 \\ \dot{x}_2 \end{bmatrix} = \begin{bmatrix} 0 & 1 \\ -\frac{1}{T^2} & -\frac{2\zeta}{T} \end{bmatrix}\begin{bmatrix} x_1 \\ x_2 \end{bmatrix} + \begin{bmatrix} 0 \\ \frac{k}{T^2} \end{bmatrix}r$$

$$y = \begin{bmatrix} 0 & 1 \end{bmatrix}\begin{bmatrix} x_1 \\ x_2 \end{bmatrix}$$

3.3.2　系统的结构框图转换为状态空间描述的示例

系统的结构框图是经典控制系统数学模型的一种表达形式,它反映构成控制系统各组

成环节或装置之间的变换关系和相互联系。因此，有必要给出由结构框图构成的控制系统的状态空间表达式。

【例 3-4】 已知控制系统结构图如图 3-4 所示，试求控制系统的状态空间表达式。

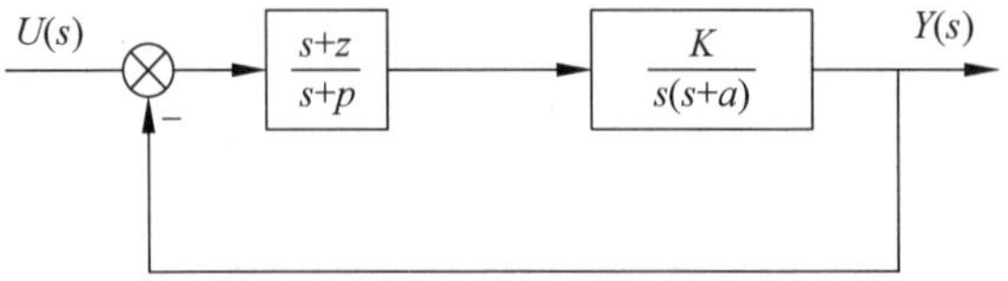

图 3-4　控制系统结构图 1

解：

(1) 将系统中各环节传递函数转化为基本形式，即均由积分环节和惯性环节组成。

$$\frac{s+z}{s+p}=1+\frac{z-p}{s+p} \qquad \frac{K}{s(s+a)}=\frac{1}{s+a}\,\frac{K}{s}$$

所以图 3-4 可转化为图 3-5。

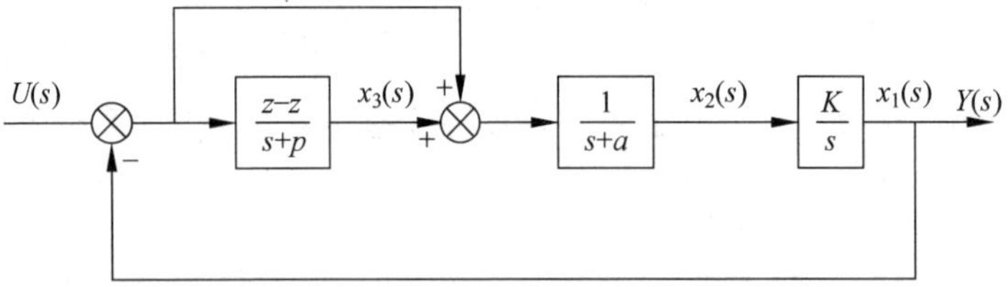

图 3-5　定义状态变量的控制系统结构图

(2) 列写每个环节的传递函数。

$$\begin{cases} \dfrac{x_1(s)}{x_2(s)}=\dfrac{K}{s} \\ \dfrac{x_2(s)}{x_3(s)-x_2(s)+U(s)}=\dfrac{1}{s+a} \\ \dfrac{x_3(s)}{U(s)-x_1(s)}=\dfrac{z-p}{s+p} \end{cases}$$

又因为

$$Y(s)=x_1(s)$$

(3) 对步骤(2)中的传递函数公式进行交叉相乘，得

$$\begin{cases} sx_1(s)=Kx_2(s) \\ sx_2(s)=-x_1(s)-ax_2(s)+x_3(s)+U(s) \\ sx_3(s)=-(z-p)x_1(s)-px_3(s)+(z-p)U(s) \end{cases}$$

对上式进行拉普拉斯反变换，并化为一阶微分方程组，有

$$\begin{cases} \dot{x}_1=Kx_2 \\ \dot{x}_2=-x_1-ax_2+x_3+u \\ \dot{x}_3=-(z-p)x_1-px_3+(z-p)u \end{cases}$$

又因为

$$y=x_1$$

(4) 得状态空间表达式为

$$\begin{bmatrix}\dot{x}_1\\ \dot{x}_2\\ \dot{x}_3\end{bmatrix}=\begin{bmatrix}0 & K & 0\\ -1 & -a & 1\\ -(z-p) & 0 & -p\end{bmatrix}\begin{bmatrix}x_1\\ x_2\\ x_3\end{bmatrix}+\begin{bmatrix}0\\ 1\\ z-p\end{bmatrix}u$$

$$y=[1\quad 0\quad 0]\begin{bmatrix}x_1\\ x_2\\ x_3\end{bmatrix}$$

【例 3-5】 已知控制系统的结构图如图 3-6 所示,试求控制系统的状态空间表达式。

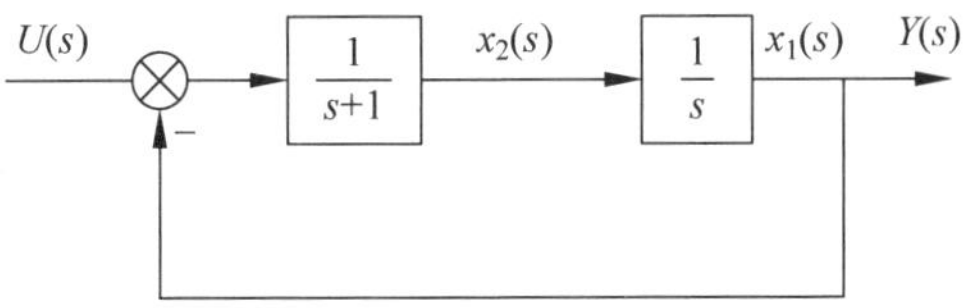

图 3-6 控制系统结构图 2

解:由图 3-6 可知:

$$\frac{x_1(s)}{x_2(s)}=\frac{1}{s}\qquad \frac{x_2(s)}{U(s)-x_1(s)}=\frac{1}{s+1}$$

将上式变换为一阶微分方程组可得

$$\begin{cases}sx_1(s)=x_2(s)\\ (s+1)x_2(s)=U(s)-x_1(s)\end{cases}$$

即

$$\begin{cases}sx_1(s)=x_2(s)\\ sx_2(s)=U(s)-x_1(s)-x_2(s)\end{cases}$$

取拉普拉斯反变换可得

$$\begin{cases}\dot{x}_1=x_2\\ \dot{x}_2=-x_1-x_2+u\end{cases}$$

由图可知,输出为

$$y=x_1$$

将上两式写成矩阵形式:

$$\begin{bmatrix}\dot{x}_1\\ \dot{x}_2\end{bmatrix}=\begin{bmatrix}0 & 1\\ -1 & -1\end{bmatrix}\begin{bmatrix}x_1\\ x_2\end{bmatrix}+\begin{bmatrix}0\\ 1\end{bmatrix}u$$

$$y=[0\quad 1]\begin{bmatrix}x_1\\ x_2\end{bmatrix}$$

3.4 传递函数的状态空间最小实现问题

由控制系统的传递函数求出控制系统状态空间描述的问题称为实现问题。对于给定的线性控制系统,维数最小的实现称为最小实现。对于单输入-单输出控制系统的传递函数,存在两种情况：一种是传递函数的零点、极点可以对消(即传递函数的分子和分母多项式有可约去的因子)；另一种是传递函数的零点、极点不可以对消。不可约传递函数的实现就是最小实现。这时系统状态变量的数目最少，状态空间描述的阶次最小。

【例 3-6】 设给定控制系统的传递函数为

$$\frac{Y(s)}{R(s)}=\frac{s+2}{(s+2)(s^2+s+3)}$$

试求该传递函数的状态空间描述实现和最小实现。

解：将控制系统的传递函数整理为

$$\frac{Y(s)}{R(s)}=\frac{s+2}{(s+2)(s^2+s+3)}=\frac{s+2}{s^3+3s^2+5s+6}=\frac{s^{-2}+2s^{-1}}{1+3s^{-1}+5s^{-2}+6s^{-3}}$$

状态空间描述为

$$\begin{bmatrix}\dot{x}_1\\ \dot{x}_2\\ \dot{x}_3\end{bmatrix}=\begin{bmatrix}0 & 1 & 0\\ 0 & 0 & 1\\ -6 & -5 & -3\end{bmatrix}\begin{bmatrix}x_1\\ x_2\\ x_3\end{bmatrix}+\begin{bmatrix}0\\ 0\\ 1\end{bmatrix}r$$

$$y=\begin{bmatrix}2 & 1 & 0\end{bmatrix}\begin{bmatrix}x_1\\ x_2\\ x_3\end{bmatrix}$$

将上式的传递函数化简成不可约的传递函数形式为

$$\frac{Y(s)}{R(s)}=\frac{s+2}{(s+2)(s^2+s+3)}=\frac{1}{s^2+s+3}$$

其状态空间描述为

$$\begin{bmatrix}\dot{x}_1\\ \dot{x}_2\end{bmatrix}=\begin{bmatrix}0 & 1\\ -3 & -1\end{bmatrix}\begin{bmatrix}x_1\\ x_2\end{bmatrix}+\begin{bmatrix}0\\ 1\end{bmatrix}r$$

$$y=\begin{bmatrix}1 & 0\end{bmatrix}\begin{bmatrix}x_1\\ x_2\end{bmatrix}$$

由上式可知，对于在数学表达式上相等的两个传递函数，能求出两种不同阶次的状态空间描述。因此，如果没有“分子、分母多项式不可约”的限制，那么对分子、分母乘以相同的因子，就能构成任意多个高阶次的实现。

对于本例题，也可以利用 MATLAB 实现从状态空间描述到传递函数的转换，具体程序如下。

```
>> A = [0 1 0;0 0 1; - 6  - 5  - 3];
>> B = [0 0 1]';
>> C = [2 1 0];
>> D = [0];
>> [num,den] = ss2tf(A,B,C,D)
```

结果如下。

```
num =
```

```
      0    0.0000    1.0000    2.0000
den =

   1.0000    3.0000    5.0000    6.0000
```

3.5 由状态空间表达式到传递函数矩阵的转换

设单输入-单输出线性定常系统的状态空间为

$$\begin{cases}\dot{\boldsymbol{x}}=\boldsymbol{A}\boldsymbol{x}+\boldsymbol{B}u\\ y=\boldsymbol{C}\boldsymbol{x}+\boldsymbol{D}u\end{cases} \tag{3-23}$$

式中：$\boldsymbol{x}$ 为 n 维状态矢量；y 和 u 为输出量和输入量，它们都是标量；$\boldsymbol{A}$ 为 $n\times n$ 维系统矩阵；$\boldsymbol{B}$ 为 $n\times r$ 维控制矩阵；$\boldsymbol{C}$ 为 $m\times n$ 维输出矩阵；$\boldsymbol{D}$ 为 $m\times r$ 维系数矩阵。

对式(3-23)取拉普拉斯变换，并假定系统的初始条件为零。

$$\begin{cases}X(s)=(s\boldsymbol{I}-\boldsymbol{A})^{-1}\boldsymbol{B}\boldsymbol{U}(s)\\ Y(s)=\boldsymbol{C}\boldsymbol{x}(s)+\boldsymbol{D}\boldsymbol{U}(s)\end{cases} \tag{3-24}$$

根据式(3-24)，整理出系统的传递函数为

$$G(s)=\frac{Y(s)}{R(s)}=\boldsymbol{C}(s\boldsymbol{I}-\boldsymbol{A})^{-1}\boldsymbol{B}+\boldsymbol{D} \tag{3-25}$$

如果 $\boldsymbol{D}=0$，则

$$G(s)=\boldsymbol{C}(s\boldsymbol{I}-\boldsymbol{A})^{-1}\boldsymbol{B} \tag{3-26}$$

式(3-26)等同于经典控制理论中的传递函数：

$$G(s)=\frac{Y(s)}{R(s)}=\frac{b_0s^m+b_1s^{m-1}+b_2s^{m-2}+\cdots+b_{m-1}s+b_m}{s^n+a_1s^{n-1}+\cdots+a_{n-1}s+a_n}$$

【例 3-7】 已知系统的状态空间表达式为

$$\begin{bmatrix}\dot{x}_1\\ \dot{x}_2\\ \dot{x}_3\end{bmatrix}=\begin{bmatrix}0&1&0\\0&0&1\\-1&-2&-3\end{bmatrix}\begin{bmatrix}x_1\\x_2\\x_3\end{bmatrix}+\begin{bmatrix}0\\0\\1\end{bmatrix}r \quad y=\begin{bmatrix}1&0&0\end{bmatrix}\begin{bmatrix}x_1\\x_2\\x_3\end{bmatrix}$$

试求系统的传递函数。

解：

(1) 求 $(s\boldsymbol{I}-\boldsymbol{A})^{-1}$。

$$(s\boldsymbol{I}-\boldsymbol{A})=s\begin{bmatrix}1&0&0\\0&1&0\\0&0&1\end{bmatrix}-\begin{bmatrix}0&1&0\\0&0&1\\-1&-2&-3\end{bmatrix}=\begin{bmatrix}s&-1&0\\0&s&-1\\1&2&s+3\end{bmatrix}$$

$$|s\boldsymbol{I}-\boldsymbol{A}|=\begin{vmatrix}s&-1&0\\0&s&-1\\1&2&s+3\end{vmatrix}=s\begin{vmatrix}s&-1\\2&s+3\end{vmatrix}+\begin{vmatrix}-1&0\\s&-1\end{vmatrix}=s^3+3s^2+2s+1$$

$$\mathrm{adj}(s\boldsymbol{I}-\boldsymbol{A})=\begin{bmatrix}s^2+3s+2&s+3&1\\-1&s^2+3s&s\\-s&-s^2&s^2\end{bmatrix}$$

$$(s\boldsymbol{I}-\boldsymbol{A})^{-1}=\frac{\operatorname{adj}(s\boldsymbol{I}-\boldsymbol{A})}{|s\boldsymbol{I}-\boldsymbol{A}|}=\frac{\begin{bmatrix}s^2+3s+2 & s+3 & 1\\ -1 & s^2+3s & s\\ -s & -s^2 & s^2\end{bmatrix}}{s^3+3s^2+2s+1}$$

(2) 求系统的传递函数。

$$G(s)=\frac{Y(s)}{R(s)}=\boldsymbol{C}(s\boldsymbol{I}-\boldsymbol{A})^{-1}\boldsymbol{B}$$

$$=[1\quad 0\quad 0]\frac{1}{s^3+3s^2+2s+1}\begin{bmatrix}s^2+3s+2 & s+3 & 1\\ -1 & s^2+3s & s\\ -s & -s^2 & s^2\end{bmatrix}\begin{bmatrix}0\\0\\1\end{bmatrix}$$

$$=\frac{1}{s^3+3s^2+2s+1}[s^2+3s+2\quad s+3\quad 1]\begin{bmatrix}0\\0\\1\end{bmatrix}=\frac{1}{s^3+3s^2+2s+1}$$

本章小结

本章重点介绍了经典控制理论中几种常用数学模型转换为状态空间表达式的基本方法，介绍了状态空间表达式转换为经典控制理论的传递函数的步骤，对于定常控制系统而言，状态空间表达式与经典控制理论的传递函数是等价的。本章还简介了 MATLAB 在建立状态空间表达式中的应用。

习　题

3-1　试求三阶微分方程 $a\dddot{x}(t)+b\ddot{x}(t)+c\dot{x}(t)+dx(t)=u(t)$ 的状态方程。

3-2　已知二阶微分方程 $\ddot{y}+2\xi\dot{y}+\omega^2y=u$，求系统的状态空间表达式。

3-3　已知三阶微分方程 $\dddot{y}+3\ddot{y}+2\dot{y}+5y=u$，求系统的状态空间表达式。

3-4　已知某单位负反馈控制系统的开环传递函数为 $G(s)=\dfrac{1}{s(s+1)(s+2)}$，试求该系统的状态空间表达式。

3-5　已知控制系统的传递函数为 $\dfrac{Y(s)}{U(s)}=\dfrac{6}{s^3+6s+11s+6}$，试求该系统的状态空间表达式。

3-6　已知控制系统结构图如图 3-7 所示，试列写系统的状态空间表达式。

3-7　已知控制系统结构图如图 3-8 所示，试列写系统的状态空间表达式。

3-8　设系统的状态空间描述为

$$\begin{bmatrix}\dot{x}_1\\ \dot{x}_2\end{bmatrix}=\begin{bmatrix}0 & 1\\ -1 & -3\end{bmatrix}\begin{bmatrix}x_1\\ x_2\end{bmatrix}+\begin{bmatrix}0\\1\end{bmatrix}u$$

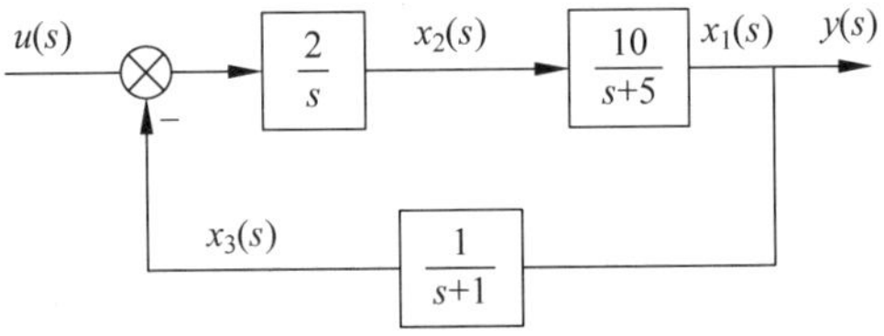

图 3-7 控制系统结构图 3

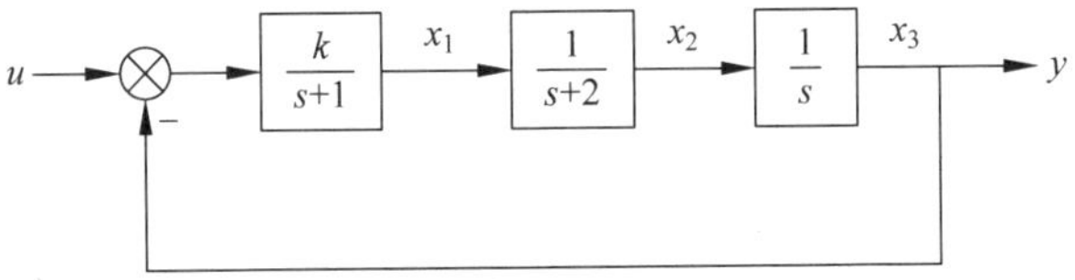

图 3-8 控制系统结构图 4

$$y=\begin{bmatrix}1 & 0\end{bmatrix}\begin{bmatrix}x_1\\x_2\end{bmatrix}$$

求系统的传递函数。

3-9 已知控制系统的状态空间表达式为$\begin{cases}\dot{\boldsymbol{x}}=\boldsymbol{A}\boldsymbol{x}+\boldsymbol{B}u\\ y=\boldsymbol{C}\boldsymbol{x}+\boldsymbol{D}u\end{cases}$，其中 $\boldsymbol{A}=\begin{bmatrix}0 & 1\\0 & -2\end{bmatrix}$；$\boldsymbol{B}=\begin{bmatrix}1 & 0\\0 & 1\end{bmatrix}$；$\boldsymbol{C}=\begin{bmatrix}1 & 0\\0 & 1\end{bmatrix}$；$\boldsymbol{D}=0$，求其传递函数矩阵。

第 4 章

线性定常系统的运动

本章主要阐述了线性定常系统状态运动的基本知识，求解状态转移矩阵是本章的重点和难点，要求熟练掌握求解状态转移矩阵的基本方法以及状态转移矩阵的性质，并在此基础上，求解线性定常系统的自由运动和受控运动。

4.1 状态转移矩阵

4.1.1 状态转移矩阵的概念

线性定常系统在控制信号作用下产生的过渡过程（输出响应），也就是本章要研究的状态响应问题，即为线性定常系统的运动。

线性定常系统在没有控制作用时，由初始条件引起的运动称为自由运动，一般用齐次状态方程 $\dot{\boldsymbol{X}}=\boldsymbol{AX}$ 表征。在初始条件 $\boldsymbol{X}(t_0)=\boldsymbol{X}_0$、定义区间 $[t_0,\infty)$ 时，自由运动的解可表示为 $\boldsymbol{X}=\boldsymbol{\Phi}(t-t_0)\boldsymbol{X}_0$，其中 $\boldsymbol{\Phi}(t-t_0)$ 为 $n\times n$ 矩阵，它满足：

$$\dot{\boldsymbol{\Phi}}(t-t_0)=\boldsymbol{A\Phi}(t-t_0) \tag{4-1}$$

$$\boldsymbol{\Phi}(0)=\boldsymbol{I} \tag{4-2}$$

称 $\boldsymbol{\Phi}(t-t_0)$ 为线性定常系统的状态转移矩阵，$\boldsymbol{I}$ 为单位矩阵。

线性定常系统在 $t\geqslant t_0$ 的任一瞬时的状态 $\boldsymbol{X}(t)$，仅仅是起始状态 $\boldsymbol{X}_0$ 的转移，这也是称 $\boldsymbol{\Phi}(t-t_0)$ 为状态转移矩阵的原因。

线性定常系统自由运动的状态由状态转移矩阵唯一决定，它包含了系统自由运动的全部信息。

对于线性定常系统，状态转移矩阵为

$$\boldsymbol{\Phi}(t-t_0)=\mathrm{e}^{\boldsymbol{A}(t-t_0)} \tag{4-3}$$

故也称为矩阵指数。

4.1.2 状态转移矩阵的性质

矩阵指数具有以下重要性质。

(1) 可逆性：
$$\boldsymbol{\Phi}^{-1}(t)=\boldsymbol{\Phi}(-t) \tag{4-4}$$

(2) 分解性：
$$\boldsymbol{\Phi}(t_1+t_2)=\boldsymbol{\Phi}(t_1)\boldsymbol{\Phi}(t_2)=\boldsymbol{\Phi}(t_2)\boldsymbol{\Phi}(t_1) \tag{4-5}$$

(3) 传递性：
$$\boldsymbol{\Phi}(t_1-t_0)=\boldsymbol{\Phi}(t_1-t_2)\boldsymbol{\Phi}(t_2-t_0) \tag{4-6}$$

上述性质的证明略。

此外，在验证所求的状态转移矩阵是否正确以及根据状态转移矩阵求解系统矩阵 $\boldsymbol{A}$ 时，还应记住以下两个常用公式。

$$\boldsymbol{\Phi}(0)=\mathrm{e}^{\boldsymbol{A}0}=\boldsymbol{I} \tag{4-7}$$

$$\frac{\mathrm{d}}{\mathrm{d}t}\boldsymbol{\Phi}(t)\Big|_{t=0}=\boldsymbol{A} \tag{4-8}$$

4.1.3 状态转移矩阵的计算

对于线性定常系统而言，$\boldsymbol{\Phi}(t-t_0)=\mathrm{e}^{\boldsymbol{A}(t-t_0)}$，$\boldsymbol{A}$ 为 $n\times n$ 矩阵，求自由运动的解就归结为求齐次方程的解，也就是求矩阵指数。

矩阵指数的求解方法有多种，如根据矩阵指数定义求解、将 $\mathrm{e}^{\boldsymbol{A}t}$ 化为 $\boldsymbol{A}$ 的有限多项式求解以及利用拉普拉斯反变换法求解等。这里仅介绍采用拉普拉斯反变换法求解矩阵指数的方法。

由定义可知：

$$\mathrm{e}^{\boldsymbol{A}t}=\boldsymbol{I}+\boldsymbol{A}t+\frac{\boldsymbol{A}^2}{2!}t^2+\cdots=\sum_{t=0}^{\infty}\frac{1}{k!}\boldsymbol{A}^k t^k \tag{4-9}$$

取拉普拉斯变换得

$$L(\mathrm{e}^{\boldsymbol{A}t})=\frac{1}{s}+\frac{\boldsymbol{A}}{s^2}+\frac{\boldsymbol{A}^2}{s^3}+\cdots \tag{4-10}$$

仿照标量情况有

$$L(\mathrm{e}^{at})=\frac{1}{s}+\frac{a}{s^2}+\frac{a^2}{s^3}+\cdots=(s-a)^{-1} \tag{4-11}$$

所以有

$$L(\mathrm{e}^{\boldsymbol{A}t})=\frac{1}{s}+\frac{\boldsymbol{A}}{s^2}+\frac{\boldsymbol{A}^2}{s^3}+\cdots=(s\boldsymbol{I}-\boldsymbol{A})^{-1} \tag{4-12}$$

因此有

$$\mathrm{e}^{\boldsymbol{A}t}=\frac{1}{s}+\frac{\boldsymbol{A}}{s^2}+\frac{\boldsymbol{A}^2}{s^3}+\cdots=L^{-1}[(s\boldsymbol{I}-\boldsymbol{A})^{-1}] \tag{4-13}$$

【例 4-1】 试求下列状态方程的状态转移矩阵 $\boldsymbol{\Phi}(t)$ 和 $\boldsymbol{\Phi}^{-1}(t)$。

$$\begin{bmatrix}\dot{x}_1\\ \dot{x}_2\end{bmatrix}=\begin{bmatrix}0 & 1\\ -2 & -3\end{bmatrix}\begin{bmatrix}x_1\\ x_2\end{bmatrix}$$

解：采用拉普拉斯变换法求解状态转移矩阵。

$$s\boldsymbol{I}-\boldsymbol{A}=\begin{bmatrix}s & 0\\ 0 & s\end{bmatrix}-\begin{bmatrix}0 & 1\\ -2 & -3\end{bmatrix}=\begin{bmatrix}s & -1\\ 2 & s+3\end{bmatrix}$$

$$(s\boldsymbol{I}-\boldsymbol{A})^{-1}=\frac{\mathrm{adj}(s\boldsymbol{I}-\boldsymbol{A})}{|s\boldsymbol{I}-\boldsymbol{A}|}=\frac{1}{(s+1)(s+2)}\begin{bmatrix}s+3 & 1\\ -2 & s\end{bmatrix}$$

$$=\begin{bmatrix}\dfrac{2}{s+1}-\dfrac{1}{s+2} & \dfrac{1}{s+1}-\dfrac{1}{s+2}\\ \dfrac{-2}{s+1}+\dfrac{2}{s+2} & \dfrac{-1}{s+1}-\dfrac{2}{s+2}\end{bmatrix}$$

$$\boldsymbol{\Phi}(t)=L^{-1}[(s\boldsymbol{I}-\boldsymbol{A})^{-1}]=\begin{bmatrix}2\mathrm{e}^{-t}-\mathrm{e}^{-2t} & \mathrm{e}^{-t}-\mathrm{e}^{-2t}\\ -2\mathrm{e}^{-t}+2\mathrm{e}^{-2t} & -\mathrm{e}^{-t}+2\mathrm{e}^{-2t}\end{bmatrix}$$

$$\boldsymbol{\Phi}^{-1}(t)=\boldsymbol{\Phi}(-t)=\begin{bmatrix}2\mathrm{e}^{t}-\mathrm{e}^{2t} & \mathrm{e}^{t}-\mathrm{e}^{2t}\\ -2\mathrm{e}^{t}+2\mathrm{e}^{2t} & -\mathrm{e}^{t}+2\mathrm{e}^{2t}\end{bmatrix}$$

【例 4-2】 已知状态转移矩阵$\boldsymbol{\Phi}(t)=\begin{bmatrix}2\mathrm{e}^{-t}-\mathrm{e}^{-2t} & \mathrm{e}^{-t}-\mathrm{e}^{-2t}\\ -2\mathrm{e}^{-t}+2\mathrm{e}^{-2t} & -\mathrm{e}^{-t}+2\mathrm{e}^{-2t}\end{bmatrix}$，试求 $\boldsymbol{A}$。

解： $\boldsymbol{A}=\dfrac{\mathrm{d}}{\mathrm{d}t}\boldsymbol{\Phi}(t)\Big|_{t=0}=\begin{bmatrix}-2\mathrm{e}^{-t}+2\mathrm{e}^{-2t} & -\mathrm{e}^{-t}+2\mathrm{e}^{-2t}\\ 2\mathrm{e}^{-t}-4\mathrm{e}^{-2t} & \mathrm{e}^{-t}-4\mathrm{e}^{-2t}\end{bmatrix}_{t=0}=\begin{bmatrix}0 & 1\\ -2 & -3\end{bmatrix}$

4.2 线性定常系统的运动

4.2.1 线性定常系统的自由运动的计算

求线性定常系统的自由运动实际上就是求解状态转移矩阵，即线性定常系统在没有控制作用时，由初始条件引起的运动称为自由运动，一般用齐次状态方程 $\dot{\boldsymbol{X}}=\boldsymbol{AX}$ 表征。在初始条件 $\boldsymbol{X}(t_0)=\boldsymbol{X}_0$、定义区间$[t_0,\infty)$时，自由运动的解可表示为 $\boldsymbol{X}=\boldsymbol{\Phi}(t-t_0)\boldsymbol{X}_0$。

【例 4-3】 已知系统的状态方程为 $\begin{bmatrix}\dot{x}_1\\ \dot{x}_2\end{bmatrix}=\begin{bmatrix}0 & 1\\ -2 & -3\end{bmatrix}\begin{bmatrix}x_1\\ x_2\end{bmatrix}$，初始条件为 $\begin{bmatrix}x_1(0)\\ x_2(0)\end{bmatrix}=\begin{bmatrix}1\\ -1\end{bmatrix}$，试求 $x_1(t)$、$x_2(t)$。

解： 由例 4-1 可知，系统的状态转移矩阵为

$$\boldsymbol{\Phi}(t)=L^{-1}[(s\boldsymbol{I}-\boldsymbol{A})^{-1}]=\begin{bmatrix}2\mathrm{e}^{-t}-\mathrm{e}^{-2t} & \mathrm{e}^{-t}-\mathrm{e}^{-2t}\\ -2\mathrm{e}^{-t}+2\mathrm{e}^{-2t} & -\mathrm{e}^{-t}+2\mathrm{e}^{-2t}\end{bmatrix}$$

则

$$\begin{bmatrix}x_1(t)\\ x_2(t)\end{bmatrix}=\boldsymbol{\Phi}(t)\begin{bmatrix}x_1(0)\\ x_2(0)\end{bmatrix}=\begin{bmatrix}2\mathrm{e}^{-t}-\mathrm{e}^{-2t} & \mathrm{e}^{-t}-\mathrm{e}^{-2t}\\ -2\mathrm{e}^{-t}+2\mathrm{e}^{-2t} & -\mathrm{e}^{-t}+2\mathrm{e}^{-2t}\end{bmatrix}\begin{bmatrix}1\\ -1\end{bmatrix}=\begin{bmatrix}\mathrm{e}^{-t}\\ -\mathrm{e}^{-t}\end{bmatrix}$$

所以，$x_1(t)=\mathrm{e}^{-t}$，$x_2(t)=-\mathrm{e}^{-t}$。

4.2.2 线性定常系统的受控运动的计算

线性定常系统在控制作用下的运动称为受控运动，用非齐次方程 $\dot{\boldsymbol{X}}=\boldsymbol{AX}+\boldsymbol{B}u$ 表征。

结论： 若非齐次状态方程 $\dot{\boldsymbol{X}}=\boldsymbol{AX}+\boldsymbol{B}u$、$\boldsymbol{X}(t_0)=\boldsymbol{X}_0$ 的解存在，则必具有如下形式。

当 $t=t_0$ 时，有

$$\boldsymbol{X}(t)=\boldsymbol{\Phi}(t)\boldsymbol{X}_0+\int_0^t\boldsymbol{\Phi}(t-\tau)\boldsymbol{B}u(\tau)\mathrm{d}\tau \quad t\in[0,\infty) \tag{4-14}$$

当 $t\neq t_0$ 时，有

$$\boldsymbol{X}(t)=\boldsymbol{\Phi}(t-t_0)\boldsymbol{X}_0+\int_{t_0}^t\boldsymbol{\Phi}(t-\tau)\boldsymbol{B}u(\tau)\mathrm{d}\tau \quad t\in[t,\infty) \tag{4-15}$$

由以上两式可知，线性定常系统的运动由两部分组成，第一部分为起始状态的转移项（零输入响应），第二部分为控制作用下的受控项（零状态响应），这样的构成说明了运动的响应满足线性系统的叠加原理。

【例 4-4】 系统状态方程为

$$\begin{bmatrix}\dot{x}_1\\ \dot{x}_2\end{bmatrix}=\begin{bmatrix}0 & 1\\ -2 & -3\end{bmatrix}\begin{bmatrix}x_1\\ x_2\end{bmatrix}+\begin{bmatrix}0\\ 1\end{bmatrix}u \quad t\geqslant 0$$

式中：$u(t)=1(t)$为单位阶跃函数，求方程的解。

解：此系统的状态转移矩阵在例 4-1 中已求得为

$$\boldsymbol{\Phi}(t)=\mathrm{e}^{\boldsymbol{A}t}=\begin{bmatrix}2\mathrm{e}^{-2}-\mathrm{e}^{-2t} & \mathrm{e}^{-t}-\mathrm{e}^{-2t}\\ -2\mathrm{e}^{-t}+2\mathrm{e}^{-2t} & -\mathrm{e}^{-t}+2\mathrm{e}^{-2t}\end{bmatrix}$$

因此，$\boldsymbol{X}(t)=\boldsymbol{\Phi}(t)\boldsymbol{X}_0+\int_0^t\boldsymbol{\Phi}(t-\tau)\boldsymbol{B}u(\tau)\mathrm{d}\tau \quad t\in[0,\infty)$。

$$\begin{bmatrix}x_1\\ x_2\end{bmatrix}=\begin{bmatrix}2\mathrm{e}^{-2}-\mathrm{e}^{-2t} & \mathrm{e}^{-t}-\mathrm{e}^{-2t}\\ -2\mathrm{e}^{-t}+2\mathrm{e}^{-2t} & -\mathrm{e}^{-t}+2\mathrm{e}^{-2t}\end{bmatrix}\begin{bmatrix}x_1(0)\\ x_2(0)\end{bmatrix}+$$

$$\int_0^t\begin{bmatrix}2\mathrm{e}^{-(t-\tau)}-\mathrm{e}^{-2(t-\tau)} & \mathrm{e}^{-(t-\tau)}-\mathrm{e}^{-2(t-\tau)}\\ 2\mathrm{e}^{-(t-\tau)}+2\mathrm{e}^{-2(t-\tau)} & -\mathrm{e}^{-(t-\tau)}+2\mathrm{e}^{-2(t-\tau)}\end{bmatrix}\begin{bmatrix}0\\ 1\end{bmatrix}\mathrm{d}\tau$$

故

$$\begin{bmatrix}x_1(t)\\ x_2(t)\end{bmatrix}=\begin{bmatrix}(2\mathrm{e}^{-t}-\mathrm{e}^{-2t})x_1(0)+(\mathrm{e}^{-t}-2\mathrm{e}^{-2t})x_2(0)+\left(\frac{1}{2}-\mathrm{e}^{-2t}+\frac{1}{2}\mathrm{e}^{-2t}\right)\\ (-2\mathrm{e}^{-t}+2\mathrm{e}^{-2t})x_1(0)+(-\mathrm{e}^{-t}+2\mathrm{e}^{-2t})x_2(0)+(\mathrm{e}^{-t}-\mathrm{e}^{-2t})\end{bmatrix}$$

本章小结

本章阐述了系统状态运动的基本知识，系统状态运动是由初始状态的自由项和控制作用的受控项组成的。状态转移矩阵是本章的重点，它包含了系统自由运动的全部信息，着重掌握状态转移矩阵的基本概念和性质，熟练掌握求解状态转移矩阵的方法，状态转移矩阵的性质适宜求解特殊情况下状态转移矩阵，特别是其可逆性可简化求解过程。

习　题

4-1　已知线性定常系统的状态方程为$\begin{bmatrix}\dot{x}_1\\ \dot{x}_2\\ \dot{x}_3\end{bmatrix}=\begin{bmatrix}2 & 2 & 1\\ 1 & 3 & 1\\ 1 & 2 & 2\end{bmatrix}\begin{bmatrix}x_1\\ x_2\\ x_3\end{bmatrix}$，试用拉普拉斯变换法求系统的状态转移矩阵$\boldsymbol{\Phi}(t)$。

4-2　已知状态转移矩阵$\boldsymbol{\Phi}(t)=\begin{bmatrix}2\mathrm{e}^{-t}-\mathrm{e}^{-2t} & 2\mathrm{e}^{-2t}-2\mathrm{e}^{-t}\\ \mathrm{e}^{-t}-\mathrm{e}^{-2t} & 2\mathrm{e}^{-2t}-\mathrm{e}^{-t}\end{bmatrix}$，试求系统矩阵 $\boldsymbol{A}$。

4-3　设控制系统的状态方程为 $\dot{\boldsymbol{X}}=\boldsymbol{AX}$，已知：

(1) 当 $x(0)=\begin{bmatrix}1\\-1\end{bmatrix}$ 时，$x(t)=\begin{bmatrix}\mathrm{e}^{-2t}\\-\mathrm{e}^{-2t}\end{bmatrix}$；当 $x(0)=\begin{bmatrix}2\\-1\end{bmatrix}$ 时，$x(t)=\begin{bmatrix}2\mathrm{e}^{-t}\\-\mathrm{e}^{-t}\end{bmatrix}$。

(2) 当 $x(0)=\begin{bmatrix}1\\-2\end{bmatrix}$ 时，$x(t)=\begin{bmatrix}\mathrm{e}^{-2t}\\-2\mathrm{e}^{-2t}\end{bmatrix}$；当 $x(0)=\begin{bmatrix}1\\-1\end{bmatrix}$ 时，$x(t)=\begin{bmatrix}\mathrm{e}^{-t}\\-\mathrm{e}^{-t}\end{bmatrix}$。

试求系统矩阵 $\boldsymbol{A}$ 和系统状态转移矩阵 $\boldsymbol{\Phi}(t)$。

4-4　已知控制系统的状态方程为

$$\begin{bmatrix}\dot{x}_1\\\dot{x}_2\end{bmatrix}=\begin{bmatrix}0&1\\2&-1\end{bmatrix}\begin{bmatrix}x_1\\x_2\end{bmatrix}$$

当系统的初始条件为 $\begin{bmatrix}x_1(0)\\x_2(0)\end{bmatrix}=\begin{bmatrix}1\\-1\end{bmatrix}$ 时，试求系统的状态 $\begin{bmatrix}x_1(t)\\x_2(t)\end{bmatrix}$。

4-5　已知控制系统的状态方程为

$$\begin{bmatrix}\dot{x}_1\\\dot{x}_2\end{bmatrix}=\begin{bmatrix}0&1\\2&-1\end{bmatrix}\begin{bmatrix}x_1\\x_2\end{bmatrix}$$

当系统的时间响应为 $\begin{bmatrix}x_1(t)\\x_2(t)\end{bmatrix}=\begin{bmatrix}2\\5\end{bmatrix}$ 时，试求系统的初始状态 $\begin{bmatrix}x_1(0)\\x_2(0)\end{bmatrix}$。

4-6　已知系统的状态方程为

$$\dot{\boldsymbol{X}}=\boldsymbol{AX}+\boldsymbol{B}u$$

式中：$\boldsymbol{A}=\begin{bmatrix}0&1\\-6&-5\end{bmatrix}$，$\boldsymbol{B}=\begin{bmatrix}1\\1\end{bmatrix}$，$\boldsymbol{X}(0)=\begin{bmatrix}0\\0\end{bmatrix}$。试求 u 为单位阶跃函数时的系统状态 $\boldsymbol{X}(t)$。

4-7　已知控制系统的状态方程为

$$\begin{bmatrix}\dot{x}_1\\\dot{x}_2\end{bmatrix}=\begin{bmatrix}0&1\\-2&-3\end{bmatrix}\begin{bmatrix}x_1\\x_2\end{bmatrix}+\begin{bmatrix}2\\0\end{bmatrix}u$$

初始条件为 $\begin{bmatrix}x_1(0)\\x_2(0)\end{bmatrix}=\begin{bmatrix}0\\1\end{bmatrix}$，试求：当 $t\geqslant 0$，$u(t)=\mathrm{e}^{-t}$ 时，系统的状态变量 $\begin{bmatrix}x_1(t)\\x_2(t)\end{bmatrix}$。

第5章

系统的能控性和可观测性

系统的能控性和可观测性是现代控制理论最基本的知识内容，本章重点阐述了判断系统能控性和可观测性的基本方法与各自的特点。要求根据这些基本方法能够熟练、准确地判断出系统是否能控和可观测。

5.1 系统的能控性和可观测性的概念

能控性(controllability)和可观测性(observability)深刻揭示了系统的内部结构关系，这两个重要概念是由卡尔曼在20世纪60年代初提出。所谓系统能控性，是指每一个状态分量能否被输入量 $u(t)$控制，控制作用能否对系统的所有状态产生影响。所谓可观测性，是指在有限的时间内，能否由观测量 y 来判断状态 x。

经典控制理论用传递函数来研究系统的输入/输出关系，输出量就是被控量，只要系统稳定，输出量就可以控制；而输出量又是可以观测的，所以理论上不存在能否控制和能否观测这样的问题。

在现代控制理论中，着眼于对状态的控制，状态向量 $\boldsymbol{X}(t)$的每个分量能否一定被输入量 $\boldsymbol{u}(t)$控制，每个状态变量的分量能否一定可用 $\boldsymbol{y}(t)$测量，这取决于受控系统本身的特性。能控性与可观测性通常决定最优控制问题解的存在性。在极点配置问题中，状态反馈是否存在由系统的能控性决定；在观测器设计和最优估计中，将涉及系统是否可观测。

5.1.1 线性控制系统的能控性定义

定义：线性控制系统 $\dot{\boldsymbol{X}}=\boldsymbol{A}(t)\boldsymbol{X}+\boldsymbol{B}(t)\boldsymbol{u}$，在 t_0 时刻的初值为 $\boldsymbol{X}(t_0)=\boldsymbol{X}_0$，对 $t_a>t_0$，$t_0\in J$（J 为系统的时间定义域），可找到容许控制 $\boldsymbol{u}$（其他元件在$[t_0,t_a]$上平方可积）使 $\boldsymbol{X}(t_a)=0$，则称系统在$[t_0,t_a]$上是状态能控的。

从该定义出发，可以加深对能控性的理解。

(1) 系统的初始状态 $\boldsymbol{X}_0$ 是状态空间中任意非零的有限点，目标状态 $\boldsymbol{X}(t_a)$为状态空间的原点。

(2) 把系统从初始状态引向目标状态的控制作用 $\boldsymbol{u}$，必须满足状态方程的解唯一存在。

(3) 把系统从初始状态引向目标状态的时间定义域是一个有限区间$[t_0,t_a]$。

5.1.2 线性控制系统的可观测性定义

设线性控制系统：

$$\begin{cases}\dot{\boldsymbol{X}}=\boldsymbol{A}(t)\boldsymbol{X}+\boldsymbol{B}(t)\boldsymbol{u}\\ \boldsymbol{y}=\boldsymbol{C}(t)\boldsymbol{X}+\boldsymbol{D}(t)\boldsymbol{u}\end{cases}$$

在 t_0 时刻存在 $t_a>t_0$,$t_0\in J$(J 为系统时间定义域),观测值 $\boldsymbol{y}(t)$在 $t\in[t_0,t_a]$区间内能够唯一地确定系统在 t_0 时刻的任意初始状态 $\boldsymbol{X}_0$,则称状态 $\boldsymbol{X}_0$ 在$[t_0,t_a]$上是状态可观测的。

可观测性是研究状态和输出量的关系,即通过对输出量在有限时间内的测量,能否把系统的状态识别出来。实质上,可归结为初始状态的识别问题。

5.2 线性定常单输入-单输出系统的能控性判据

5.2.1 能控性判据

定理 1 线性定常系统 $\sum=(\boldsymbol{A},\boldsymbol{B})$,即

$$\begin{cases}\dot{\boldsymbol{X}}=\boldsymbol{A}\boldsymbol{X}+\boldsymbol{B}u\\ \boldsymbol{y}=\boldsymbol{C}\boldsymbol{X}+\boldsymbol{D}u\end{cases}$$

式中:$\boldsymbol{A}$ 为 $n\times n$ 维的系统矩阵;$\boldsymbol{B}$ 为 $n\times r$ 维的控制矩阵;$\boldsymbol{C}$ 为 $m\times n$ 维输出矩阵;$\boldsymbol{D}$ 为 $m\times r$ 维系数矩阵。

状态完全能控的充分必要条件是其能控性矩阵

$$\boldsymbol{Q}_k=[\boldsymbol{B}\quad \boldsymbol{A}\boldsymbol{B}\quad \cdots\quad \boldsymbol{A}^{n-1}\boldsymbol{B}] \tag{5-1}$$

满秩,即

$$\text{rank}[\boldsymbol{B}\quad \boldsymbol{A}\boldsymbol{B}\quad \cdots\quad \boldsymbol{A}^{n-1}\boldsymbol{B}]=n\quad (n\text{ 为矩阵 }\boldsymbol{A}\text{ 的维数}) \tag{5-2}$$

对于单输入-单输出系统,能控性矩阵为方阵,所以根据 $\boldsymbol{Q}_k$ 行列式不为零,即 $|\boldsymbol{Q}_k|\neq 0$ 来判断系统是否能控。

能控性判据应用起来比较简便,但当系统状态不完全能控时,它不能指明哪些状态不能控。

【例 5-1】 分析如下控制系统的能控性。

$$\begin{bmatrix}\dot{x}_1\\ \dot{x}_2\end{bmatrix}=\begin{bmatrix}1 & 1\\ 0 & -1\end{bmatrix}\begin{bmatrix}x_1\\ x_2\end{bmatrix}+\begin{bmatrix}1\\ 0\end{bmatrix}\boldsymbol{u}$$

由于 $\det\boldsymbol{Q}_k=\det[\boldsymbol{B}\quad \boldsymbol{A}\boldsymbol{B}]=\begin{vmatrix}1 & 1\\ 0 & 0\end{vmatrix}=0$,即 $\boldsymbol{Q}_k$ 为奇异阵,所以该系统是状态不可控的。

【例 5-2】 分析如下系统的能控性。

$$\begin{bmatrix}\dot{x}_1\\ \dot{x}_2\end{bmatrix}=\begin{bmatrix}1 & 1\\ -2 & -1\end{bmatrix}\begin{bmatrix}x_1\\ x_2\end{bmatrix}+\begin{bmatrix}0\\ 1\end{bmatrix}\boldsymbol{u}$$

由于 $\det\boldsymbol{Q}_k=\det[\boldsymbol{B}\quad \boldsymbol{A}\boldsymbol{B}]=\begin{vmatrix}0 & 1\\ 1 & -1\end{vmatrix}\neq 0$,即 $\boldsymbol{Q}_k$ 为非奇异矩阵,所以该系统的状态是能控的。

【例 5-3】 试判断以下线性控制系统是否具有能控性。

$$\begin{bmatrix}\dot{x}_1\\\dot{x}_2\\\dot{x}_3\end{bmatrix}=\begin{bmatrix}1&3&2\\0&2&0\\0&1&3\end{bmatrix}\begin{bmatrix}x_1\\x_2\\x_3\end{bmatrix}+\begin{bmatrix}2&1\\1&1\\-1&-1\end{bmatrix}\begin{bmatrix}u_1\\u_2\end{bmatrix}$$

解：该系统的能控性矩阵的秩为

$$\text{rank}\begin{bmatrix}\boldsymbol{B}&\boldsymbol{AB}&\boldsymbol{A}^2\boldsymbol{B}\end{bmatrix}=\text{rank}\begin{bmatrix}2&1&3&2&5&4\\1&1&2&2&4&4\\-1&-1&-2&-2&-4&-4\end{bmatrix}$$

$$=\text{rank}\begin{bmatrix}2&1&3&2&5&4\\1&1&2&2&4&4\\0&0&0&0&0&0\end{bmatrix}=2<3$$

因为该系统能控性矩阵的秩小于系统的阶次(即矩阵 $\boldsymbol{A}$ 的维数),所以给定的线性控制系统不具有能控性,但不知道具体哪个状态失控。下面介绍对角线规范型判据,用这个判据可知道哪个状态失控。

5.2.2 对角线规范型判据

定理 2 设系统$\sum=(\boldsymbol{A},\boldsymbol{B})$具有两两相异的特征值 $\lambda_1,\lambda_2,\cdots,\lambda_n$,则系统状态完全能控的充分必要条件是系统经非奇异变换后得到的对角线规范式如下。

$$\dot{\hat{\boldsymbol{X}}}=\begin{bmatrix}\lambda_1&&0\\&\ddots&\\0&&\lambda_n\end{bmatrix}\hat{\boldsymbol{X}}+\hat{\boldsymbol{B}}\boldsymbol{u}\tag{5-3}$$

式中：$\hat{\boldsymbol{B}}$ 不包含元素全为 0 的行。

该方法的优点在于变换后能将不可控状态确定下来,它的不足之处是变换比较复杂。

【例 5-4】 分析如下系统的能控性。

① $$\begin{bmatrix}\dot{\hat{x}}_1\\\dot{\hat{x}}_2\\\dot{\hat{x}}_3\end{bmatrix}=\begin{bmatrix}-7&0&0\\0&-5&0\\0&0&-1\end{bmatrix}\begin{bmatrix}\hat{x}_1\\\hat{x}_2\\\hat{x}_3\end{bmatrix}+\begin{bmatrix}2\\5\\7\end{bmatrix}\boldsymbol{u}$$

② $$\begin{bmatrix}\dot{\hat{x}}_1\\\dot{\hat{x}}_2\\\dot{\hat{x}}_3\end{bmatrix}=\begin{bmatrix}-7&0&0\\0&-5&0\\0&0&-1\end{bmatrix}\begin{bmatrix}\hat{x}_1\\\hat{x}_2\\\hat{x}_3\end{bmatrix}+\begin{bmatrix}2\\0\\9\end{bmatrix}\boldsymbol{u}$$

③ $$\begin{bmatrix}\dot{\hat{x}}_1\\\dot{\hat{x}}_2\\\dot{\hat{x}}_3\end{bmatrix}=\begin{bmatrix}-7&0&0\\0&-5&0\\0&0&-1\end{bmatrix}\begin{bmatrix}\hat{x}_1\\\hat{x}_2\\\hat{x}_3\end{bmatrix}+\begin{bmatrix}0&1\\4&0\\7&5\end{bmatrix}\begin{bmatrix}u_1\\u_2\end{bmatrix}$$

从以上各式可以看出,①、③状态完全能控;②状态不完全能控,且②状态 x_2 为不能控。

5.2.3 能控性的 s 域判据

定理 3 线性定常单输入-单输出控制系统，状态完全能控的充分必要条件是：其状态-输入量的传递函数$(s\boldsymbol{I}-\boldsymbol{A})^{-1}\boldsymbol{B}$无零、极相消现象。

5.2.4 线性定常系统的完全输出能控性判据

线性连续定常系统输出完全能控的充分必要条件是矩阵

$$[\boldsymbol{CB} \quad \boldsymbol{CAB} \quad \cdots \quad \boldsymbol{CA}^{n-1}\boldsymbol{B} \quad \boldsymbol{D}] \tag{5-4}$$

满秩，即

$$\text{rank}[\boldsymbol{CB} \quad \boldsymbol{CAB} \quad \cdots \quad \boldsymbol{CA}^{n-1}\boldsymbol{B} \quad \boldsymbol{D}]=m \tag{5-5}$$

式中：m 为输出矩阵 $\boldsymbol{C}$ 的维数。

【例 5-5】 已知控制系统的状态空间表达式为

$$\begin{bmatrix}\dot{x}_1\\ \dot{x}_2\end{bmatrix}=\begin{bmatrix}-4 & 5\\ 1 & 0\end{bmatrix}\begin{bmatrix}x_1\\ x_2\end{bmatrix}+\begin{bmatrix}-5\\ 1\end{bmatrix}\boldsymbol{u} \quad \boldsymbol{y}=[1 \quad -1]\begin{bmatrix}x_1\\ x_2\end{bmatrix}+\boldsymbol{u}$$

试求系统的状态能控和输出能控性。

解：

(1) 状态能控性。

系统矩阵 $\boldsymbol{A}$ 是 2×2 阶矩阵，即 $n=2$。

系统的能控性矩阵为

$$\text{rank}[\boldsymbol{B} \quad \boldsymbol{AB}]=\text{rank}\begin{bmatrix}-5 & 25\\ 1 & -5\end{bmatrix}=1\neq n$$

因为能控性矩阵不满秩，所以系统是状态不完全能控的。

(2) 输出能控性。

系统的输出能控矩阵为

$$\text{rank}[\boldsymbol{CB} \quad \boldsymbol{CAB} \quad \boldsymbol{D}]=\text{rank}[-6 \quad 30 \quad 1]=1$$

由于矩阵$[\boldsymbol{CB} \quad \boldsymbol{CAB} \quad \boldsymbol{D}]$满秩，所以系统是输出完全能控的。

一般来说，输出能控性和状态能控性之间是不等价的。系统状态完全能控不是输出完全能控的必要条件，即输出能控不能必然导致状态能控，而状态能控也不能必然导致输出能控。

5.2.5 用 MATLAB 求系统的能控性

利用 MATLAB 仿真程序判断例 5-1 的能控性，其具体程序如下：

```
>> A = [1 1;0 -1];
>> B = [1;0];
>> Qk = ctrb(A,B);
>> rankQk = rank(Qk)
```

运行结果为

```
rankQk =
     2
```

利用 MATLAB 仿真程序判断例 5-3 的能控性,其具体程序如下:

```
>> A = [1 3 2;0 2 0;0 1 3];
>> B = [2 1;1 1; -1 -1];
>> Qk = ctrb(A,B);
>> rankQk = rank(Qk)
```

运行结果为

```
rankQk =
     2
```

5.3 线性定常系统的可观测性判据

5.3.1 可观测性判据

定理4 线性定常系统 $\sum=(\boldsymbol{A},\boldsymbol{C})$,即$\begin{cases}\dot{\boldsymbol{X}}=\boldsymbol{AX}\\ \boldsymbol{y}=\boldsymbol{CX}\end{cases}$状态完全可观测的充分必要条件是其可观测性矩阵

$$\boldsymbol{Q}_g=[\boldsymbol{C}^{\mathrm{T}} \quad \boldsymbol{A}^{\mathrm{T}}\boldsymbol{C}^{\mathrm{T}} \quad \cdots \quad (\boldsymbol{A}^{\mathrm{T}})^{n-1}\boldsymbol{C}^{\mathrm{T}}] \tag{5-6}$$

满秩。即

$$\boldsymbol{Q}_g^{\mathrm{T}}=\begin{bmatrix}\boldsymbol{C}\\ \boldsymbol{CA}\\ \vdots\\ \boldsymbol{CA}^{n-1}\end{bmatrix}=n \tag{5-7}$$

【例 5-6】 系统的状态空间描述如下:

$$\begin{bmatrix}\dot{x}_1\\ \dot{x}_2\end{bmatrix}=\begin{bmatrix}2 & -1\\ 1 & -3\end{bmatrix}\begin{bmatrix}x_1\\ x_2\end{bmatrix}+\begin{bmatrix}-1\\ 1\end{bmatrix}\boldsymbol{u}$$

$$\begin{bmatrix}y_1\\ y_2\end{bmatrix}=\begin{bmatrix}1 & 0\\ -1 & 0\end{bmatrix}\begin{bmatrix}x_1\\ x_2\end{bmatrix}$$

试确定系统的可观测性。

解:显然

$$\boldsymbol{CA}=\begin{bmatrix}1 & 0\\ -1 & 0\end{bmatrix}\begin{bmatrix}2 & -1\\ 1 & -3\end{bmatrix}=\begin{bmatrix}2 & -1\\ -2 & 1\end{bmatrix}$$

则可观测性矩阵为

$$\boldsymbol{Q}_g=\begin{bmatrix}\boldsymbol{C}\\ \boldsymbol{CA}\end{bmatrix}=\begin{bmatrix}1 & 0\\ -1 & 0\\ 2 & -1\\ -2 & 1\end{bmatrix}$$

它的秩为 2。所以系统是可观测的。

【例 5-7】 系统的状态空间描述如下：

$$\begin{bmatrix}\dot{x}_1\\\dot{x}_2\\\dot{x}_3\end{bmatrix}=\begin{bmatrix}0&1&0\\0&0&1\\-6&-11&-6\end{bmatrix}\begin{bmatrix}x_1\\x_2\\x_3\end{bmatrix}+\begin{bmatrix}0\\0\\1\end{bmatrix}\boldsymbol{u}$$

$$y=[4\quad 5\quad 1]\begin{bmatrix}x_1\\x_2\\x_3\end{bmatrix}$$

试确定系统的可观测性。

解：

$$\boldsymbol{C}=[4\quad 5\quad 1]$$

$$\boldsymbol{CA}=[4\quad 5\quad 1]\begin{bmatrix}0&1&0\\0&0&1\\-6&-11&-6\end{bmatrix}=[-6\quad -7\quad -1]$$

$$\boldsymbol{CA}^2=[-6\quad -7\quad -1]\begin{bmatrix}0&1&0\\0&0&1\\-6&-11&-6\end{bmatrix}=[6\quad 5\quad -1]$$

可观测性矩阵为

$$\boldsymbol{Q}_g^{\mathrm{T}}=\begin{bmatrix}\boldsymbol{C}\\\boldsymbol{CA}\\\boldsymbol{CA}^2\end{bmatrix}=\begin{bmatrix}4&5&1\\-6&-7&-1\\6&5&-1\end{bmatrix}$$

所以，$\mathrm{rank}\boldsymbol{Q}_g=2<3$。因此系统不是状态完全可观测的。

【例 5-8】 设系统的结构图如图 5-1 所示，试判断其能控性与可观测性。

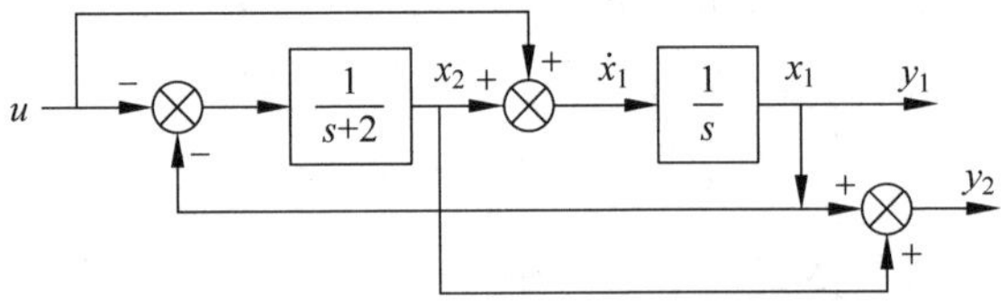

图 5-1 系统结构图

解：系统方程为

$$\begin{cases}\dot{x}_1=x_2+u\\\dot{x}_2=-x_1-2x_2-u\end{cases}$$

$$\begin{cases}y_1=x_1\\y_2=x_1+x_2\end{cases}$$

即

$$\begin{cases}\dot{\boldsymbol{X}}=\boldsymbol{AX}+\boldsymbol{Bu}\\\boldsymbol{y}=\boldsymbol{CX}\end{cases}$$

式中：$\boldsymbol{A}=\begin{bmatrix}0 & 1\\ -1 & -2\end{bmatrix}$，$\boldsymbol{B}=\begin{bmatrix}1\\ -1\end{bmatrix}$，$\boldsymbol{C}=\begin{bmatrix}1 & 0\\ 1 & 1\end{bmatrix}$。

系统的能控性矩阵为

$$\boldsymbol{Q}_k=[\boldsymbol{B}\quad \boldsymbol{AB}]=\begin{bmatrix}1 & -1\\ -1 & 1\end{bmatrix}$$

其秩不等于2，故系统不是状态完全能控的。

系统的可观测性矩阵为

$$\boldsymbol{Q}_g=[\boldsymbol{C}^{\mathrm{T}}\quad \boldsymbol{A}^{\mathrm{T}}\boldsymbol{C}^{\mathrm{T}}]=\begin{bmatrix}1 & 1 & 0 & -1\\ 0 & 1 & 1 & -1\end{bmatrix}$$

其秩等于2，故系统是可观测的。

5.3.2 对角线规范型判据

定理5 设系统$\sum=(\boldsymbol{A},\boldsymbol{C})$具有两两相异的特征值$\lambda_1,\lambda_2,\cdots,\lambda_n$，则系统状态可观测的充分必要条件是：系统经线性非奇异变换后所得到的对角线规范式为

$$\dot{\hat{\boldsymbol{x}}}=\begin{bmatrix}\lambda_1 & & & 0\\ & \lambda_2 & & \\ & & \ddots & \\ 0 & & & \lambda_N\end{bmatrix}\hat{\boldsymbol{x}} \tag{5-8}$$

$$\boldsymbol{y}=\boldsymbol{C}\hat{\boldsymbol{x}}$$

式中：$\boldsymbol{C}$不包含元素全为零的列。

【**例5-9**】 分析如下系统的可观测性。

① $\begin{bmatrix}\dot{\hat{x}}_1\\ \dot{\hat{x}}_2\\ \dot{\hat{x}}_3\end{bmatrix}=\begin{bmatrix}-7 & 0 & 0\\ 0 & -5 & 0\\ 0 & 0 & -1\end{bmatrix}\begin{bmatrix}\hat{x}_1\\ \hat{x}_2\\ \hat{x}_3\end{bmatrix}$

$\boldsymbol{y}=[0\quad 4\quad 5]$

② $\begin{bmatrix}\dot{\hat{x}}_1\\ \dot{\hat{x}}_2\\ \dot{\hat{x}}_3\end{bmatrix}=\begin{bmatrix}-7 & 0 & 0\\ 0 & -5 & 0\\ 0 & 0 & -1\end{bmatrix}\begin{bmatrix}\hat{x}_1\\ \hat{x}_2\\ \hat{x}_3\end{bmatrix}$

$\begin{bmatrix}y_1\\ y_2\end{bmatrix}=\begin{bmatrix}3 & 2 & 0\\ 0 & 3 & 1\end{bmatrix}\begin{bmatrix}\hat{x}_1\\ \hat{x}_2\\ \hat{x}_3\end{bmatrix}$

显然，①是状态不完全可观测的，因为状态x_1不可观测；②是状态完全可观测的。

5.3.3 可观测性的s域判据

定理6 线性定常单输入-单输出系统，状态完全可观测的充分必要条件是：它的状态-输出量的传递函数$\boldsymbol{C}(s\boldsymbol{I}-\boldsymbol{A})^{-1}$无相消因子，即无零、极相消现象。

5.3.4 用 MATLAB 求系统的可观测性

利用 MATLAB 仿真程序判断例 5-6 的可观测性，其具体程序如下：

```
>> A = [2  -1;1  -3];
>> C = [1 0; -1 0];
>> Og = obsv(A,C);
>> rankOg = rank(Og)
```

运行结果为

```
rankOg  =
     2
```

利用 MATLAB 仿真程序判断例 5-7 的可观测性，其具体程序如下：

```
>> A = [0 1 0;0 0 1; -6  -11  -6];
>> C = [4 5 1];
>> Og = obsv(A,C);
>> rankOg = rank(Og)
```

运行结果为

```
rankOg  =
     2
```

当给定系统矩阵 $\boldsymbol{A}$、$\boldsymbol{B}$、$\boldsymbol{C}$、$\boldsymbol{D}$ 时，利用 MATLAB 就可以方便地判断系统状态的能控性、可观测性。例如，例 5-8 就可以利用 MATLAB 来判断系统状态的能控性和可观测性，程序如下：

```
>> A = [0 1; -1  -2];
>> B = [1; -1];
>> C = [1 0;1 1];
>> Qk = ctrb(A,B);
>> rankQk = rank(Qk)
```

能控性的结果为

```
rankQk  =
     1
>> Qg = obsv(A,C);
>> rankQg = rank(Qg)
```

可观测性的结果为

```
rankQg  =
     2
```

5.4 对偶原理

如果系统 $\sum_1=(\boldsymbol{A}_1,\boldsymbol{B}_1,\boldsymbol{C}_1)$ 和 $\sum_2=(\boldsymbol{A}_2,\boldsymbol{B}_2,\boldsymbol{C}_2)$ 是互为对偶的两个系统，则 $\sum_1$ 的能控性等价于 $\sum_2$ 的可观测性，$\sum_1$ 的可观测性等价于 $\sum_2$ 的能控性。或者说，若 $\sum_1$ 是

状态完全能控的(完全能观的),则 $\sum_2$ 是状态完全能观的(完全能控的)。事实上,系统的能控性与可观测性的对偶性,只是线性系统的对偶原理的体现之一。

5.5 能控标准型和可观测标准型

标准型的研究是线性系统理论的一个重要方面,它揭示了系统代数结构的本质特点,同时为系统的辨识、实现、极点配置、动态补偿等问题提供重要的分析研究工具。

把状态空间表达式转化成能控标准型(可观测标准型)的理论依据是状态的非奇异变换不改变其能控性(可观测性),只有系统是状态完全能控的(可观测的)才能转化成能控(可观测)标准型。这里仅给出单输入-单输出系统的能控标准型和可观测标准型的表达式,对于多输入-多输出系统标准型的具体求法请参阅其他相关资料。

5.5.1 单输入-单输出能控标准型

设单输入-单输出系统的传递函数由下式表示:

$$G(s)=\frac{Y(s)}{R(s)}=\frac{b_0 s^m+b_1 s^{m-1}+b_2 s^{m-2}+\cdots+b_{m-1} s+b_m}{s^n+a_1 s^{n-1}+\cdots+a_{n-1} s+a_n} \tag{5-9}$$

经过非奇异变换,其能控标准型为

$$\begin{bmatrix} \dot{x}_1 \\ \dot{x}_2 \\ \vdots \\ \dot{x}_{n-1} \\ \dot{x}_n \end{bmatrix}=\begin{bmatrix} 0 & 1 & 0 & \cdots & 0 \\ 0 & 0 & 1 & \cdots & 0 \\ \vdots & \vdots & \vdots & \cdots & \vdots \\ 0 & 0 & 0 & \cdots & 1 \\ a_n & a_{n-1} & a_{n-2} & \cdots & a_1 \end{bmatrix}\begin{bmatrix} x_1 \\ x_2 \\ \vdots \\ x_{n-1} \\ x_n \end{bmatrix}+\begin{bmatrix} 0 \\ 0 \\ \vdots \\ 0 \\ 1 \end{bmatrix} u \tag{5-10}$$

$$y=\begin{bmatrix} b_n & \cdots & b_2 & b_1 \end{bmatrix}\begin{bmatrix} x_1 \\ x_2 \\ \vdots \\ x_n \end{bmatrix} \tag{5-11}$$

定理7 设单输入线性定常系统的状态方程为

$$\dot{\boldsymbol{X}}=\boldsymbol{A}\boldsymbol{X}+\boldsymbol{B}u$$

式中:$\boldsymbol{A}$ 为 $n\times n$ 维的系统矩阵;$\boldsymbol{B}$ 为 $n\times 1$ 维的控制矩阵;$\boldsymbol{X}$ 为 $n\times 1$ 向量;u 为标量。

若系统具有能控性,能控矩阵 $\boldsymbol{Q}_k=[\boldsymbol{B}\quad \boldsymbol{A}\boldsymbol{B}\quad \cdots\quad \boldsymbol{A}^{n-1}\boldsymbol{B}]$ 非奇异,则存在非奇异变换 $\hat{\boldsymbol{X}}=\boldsymbol{P}\boldsymbol{X}$,可将状态方程转化为能控标准型

$$\dot{\hat{\boldsymbol{X}}}=\hat{\boldsymbol{A}}\boldsymbol{X}+\hat{\boldsymbol{B}}u$$

其中,

$$\hat{\boldsymbol{A}}=\begin{bmatrix} 0 & 1 & 0 & \cdots & 0 \\ 0 & 0 & 1 & \cdots & 0 \\ \vdots & \vdots & \vdots & \vdots & \vdots \\ -a_n & -a_{n-1} & -a_{n-2} & \cdots & -a_1 \end{bmatrix} \tag{5-12}$$

$$\hat{\boldsymbol{B}}=\begin{bmatrix}0\\0\\\vdots\\1\end{bmatrix} \tag{5-13}$$

$$\boldsymbol{P}=\begin{bmatrix}\boldsymbol{P}_1\\\boldsymbol{P}_1\boldsymbol{A}\\\vdots\\\boldsymbol{P}_1\boldsymbol{A}^{n-1}\end{bmatrix} \tag{5-14}$$

$$\boldsymbol{P}_1=[0\quad 0\quad \cdots\quad 1]\,[\boldsymbol{B}\quad \boldsymbol{AB}\quad \cdots\quad \boldsymbol{A}^{n-1}\boldsymbol{B}]^{-1} \tag{5-15}$$

证明：略。

【例 5-10】 设线性定常系统的状态方程为$\dot{\boldsymbol{X}}=\begin{bmatrix}1 & -1\\0 & -1\end{bmatrix}\boldsymbol{X}+\begin{bmatrix}1\\1\end{bmatrix}u$，试将状态方程转化为能控标准型。

解：系统的能控矩阵 $\boldsymbol{Q}_k=[\boldsymbol{B}\quad \boldsymbol{AB}]=\begin{bmatrix}1 & 0\\1 & -1\end{bmatrix}$为非奇异，故系统可化为能控标准型。

$$\boldsymbol{P}_1=[0\quad 1]\boldsymbol{Q}_k^{-1}=[1\quad -1]$$

变换矩阵为

$$\boldsymbol{P}=\begin{bmatrix}\boldsymbol{P}_1\\\boldsymbol{P}_1\boldsymbol{A}\end{bmatrix}=\begin{bmatrix}1 & -1\\1 & 0\end{bmatrix}$$

因此，有

$$\hat{\boldsymbol{A}}=\boldsymbol{PAP}^{-1}=\begin{bmatrix}1 & 1\\1 & 0\end{bmatrix},\quad \hat{\boldsymbol{B}}=\boldsymbol{PB}=\begin{bmatrix}0\\1\end{bmatrix}$$

故

$$\dot{\hat{\boldsymbol{X}}}=\begin{bmatrix}0 & 1\\1 & 0\end{bmatrix}\hat{\boldsymbol{X}}+\begin{bmatrix}0\\0\end{bmatrix}u$$

5.5.2 单输入-单输出系统的可观测标准型

如果系统状态完全可观测，其对应传递函数见式(5-9)，经过非奇异变换，其可观测标准型为

$$\begin{bmatrix}\dot{x}_1\\\dot{x}_2\\\vdots\\\dot{x}_{n-1}\\\dot{x}_n\end{bmatrix}=\begin{bmatrix}0 & 0 & 0 & \cdots & -a_n\\1 & 0 & 0 & \cdots & -a_{n-1}\\\vdots & \vdots & \vdots & \cdots & \vdots\\0 & 0 & 0 & \cdots & a_2\\0 & 0 & 1 & \cdots & a_1\end{bmatrix}\begin{bmatrix}x_1\\x_2\\\vdots\\x_{n-1}\\x_n\end{bmatrix}+\begin{bmatrix}b_n\\b_{n-1}\\\vdots\\b_2\\b\end{bmatrix}u \tag{5-16}$$

$$y=[0\quad \cdots\quad 0\quad 1]\begin{bmatrix}x_1\\x_2\\\vdots\\x_n\end{bmatrix} \tag{5-17}$$

从式(5-10)和式(5-16)可以看出，单输入-单输出系统的能控和可观测的标准型是互为对偶的。

定理8 设系统状态空间表达式为

$$\dot{\boldsymbol{X}}=\boldsymbol{AX}+\boldsymbol{B}u,\quad y=\boldsymbol{CX}$$

式中：$\boldsymbol{A}$ 为 $n\times n$ 维的系统矩阵；$\boldsymbol{B}$ 为 $n\times 1$ 维的控制矩阵；$\boldsymbol{X}$ 为 $n\times 1$ 向量；$\boldsymbol{C}$ 为 $1\times n$ 输出矩阵。

若系统具有可观测性，可观测矩阵 $\boldsymbol{Q}_g^{\mathrm{T}}=\begin{bmatrix}\boldsymbol{C}\\ \boldsymbol{CA}\\ \vdots\\ \boldsymbol{CA}^{n-1}\end{bmatrix}$ 非奇异，则存在非奇异变换 $\boldsymbol{X}=\boldsymbol{T}\hat{\boldsymbol{X}}$，可将状态空间表达式转化为能观测标准型

$$\dot{\hat{\boldsymbol{X}}}=\hat{\boldsymbol{A}}\hat{\boldsymbol{X}}+\hat{\boldsymbol{B}}u,\quad y=\hat{\boldsymbol{C}}\hat{\boldsymbol{X}}$$

式中：

$$\hat{\boldsymbol{A}}=\begin{bmatrix}0 & 0 & \cdots & 0 & -a_n\\ 1 & 0 & \cdots & 0 & -a_{n-1}\\ 0 & 1 & \cdots & 0 & -a_{n-2}\\ \vdots & \vdots & \vdots & \vdots & \vdots\\ 0 & 0 & \cdots & 0 & -a_2\\ 0 & 0 & \cdots & 1 & -a_1\end{bmatrix} \tag{5-18}$$

$$\hat{\boldsymbol{C}}=\begin{bmatrix}0 & \cdots & 1\end{bmatrix} \tag{5-19}$$

变换矩阵为

$$\boldsymbol{T}=\begin{bmatrix}\boldsymbol{T}_1 & \boldsymbol{AT}_1 & \cdots & \boldsymbol{A}^{n-1}\boldsymbol{T}_1\end{bmatrix} \tag{5-20}$$

$$\boldsymbol{T}_1=\begin{bmatrix}\boldsymbol{C}\\ \boldsymbol{CA}\\ \vdots\\ \boldsymbol{CA}^{n-1}\end{bmatrix}\begin{bmatrix}0\\ 0\\ \vdots\\ 1\end{bmatrix} \tag{5-21}$$

证明：略。

【例5-11】 设系统状态空间表达式为 $\dot{\boldsymbol{X}}=\begin{bmatrix}1 & -1\\ 0 & 2\end{bmatrix}\boldsymbol{X}$，$y=\begin{bmatrix}-1 & -\frac{1}{2}\end{bmatrix}$，试求其变换为能观测标准型。

解：能观测矩阵 $\boldsymbol{Q}_g^{\mathrm{T}}=\begin{bmatrix}\boldsymbol{C}\\ \vdots\\ \boldsymbol{CA}\end{bmatrix}=\begin{bmatrix}-1 & -\frac{1}{2}\\ -1 & 0\end{bmatrix}$ 非奇异，由此可求出

$$\boldsymbol{T}_1=\begin{bmatrix}-1 & -\frac{1}{2}\\ -1 & 0\end{bmatrix}^{-1}\begin{bmatrix}0\\ 1\end{bmatrix}=\begin{bmatrix}-1\\ 2\end{bmatrix}$$

变换矩阵为 $$\boldsymbol{T}=\begin{bmatrix}\boldsymbol{T}_1 & \boldsymbol{AT}_1\end{bmatrix}=\begin{bmatrix}-1 & -3\\ 2 & 4\end{bmatrix}$$

则

$$\dot{\hat{X}}=T^{-1}AT\dot{X}=\begin{bmatrix}-1 & -3\\ 2 & 4\end{bmatrix}^{-1}\begin{bmatrix}1 & -1\\ 0 & 2\end{bmatrix}\begin{bmatrix}-1 & -3\\ 2 & 4\end{bmatrix}\dot{X}$$

$$=\frac{1}{2}\begin{bmatrix}4 & 3\\ -2 & -1\end{bmatrix}\begin{bmatrix}1 & -1\\ 0 & 2\end{bmatrix}\begin{bmatrix}-1 & -3\\ 2 & 4\end{bmatrix}\hat{X}=\begin{bmatrix}0 & -2\\ 1 & 3\end{bmatrix}\hat{X}$$

$$y=CT\hat{X}=\begin{bmatrix}-1 & -\frac{1}{2}\end{bmatrix}\begin{bmatrix}-1 & -3\\ 2 & 4\end{bmatrix}\hat{X}=[0\quad 1]\hat{X}$$

本章小结

本章主要介绍系统的能控性和可观测性，它们是现代控制理论的两个基本概念，重点阐述了根据状态空间表达式判断系统能控性和可观测性的方法及其特点。简单介绍了单输入-单输出能控标准型和可观测标准型的实现原理。

选取不同观测值会影响系统的可观测性，但是，选取不同的状态变量并不影响系统的能控性，这是因为系统的能控性仅与系统的结构和对系统的控制手段有关，而与同一系统选取的不同状态变量所描述的形式无关，这也说明系统状态完全能控性是系统本身的固有特性。

习　题

5-1　分析以下系统的能控性。

（1）$\begin{bmatrix}\dot{x}_1\\ \dot{x}_2\\ \dot{x}_3\end{bmatrix}=\begin{bmatrix}1 & 3 & 2\\ 0 & 2 & 0\\ 0 & 1 & 3\end{bmatrix}\begin{bmatrix}x_1\\ x_2\\ x_3\end{bmatrix}+\begin{bmatrix}2 & 1\\ 1 & 1\\ -1 & -1\end{bmatrix}\begin{bmatrix}u_1\\ u_2\end{bmatrix}$

（2）$\begin{bmatrix}\dot{x}_1\\ \dot{x}_2\\ \dot{x}_3\end{bmatrix}=\begin{bmatrix}-1 & -2 & -2\\ 0 & -1 & 1\\ 1 & 0 & -1\end{bmatrix}\begin{bmatrix}x_1\\ x_2\\ x_3\end{bmatrix}+\begin{bmatrix}2\\ 0\\ 1\end{bmatrix}u$

（3）$\begin{bmatrix}\dot{x}_1\\ \dot{x}_2\\ \dot{x}_3\end{bmatrix}=\begin{bmatrix}-3 & 1 & 0\\ 0 & -3 & 0\\ 0 & 0 & -1\end{bmatrix}\begin{bmatrix}x_1\\ x_2\\ x_3\end{bmatrix}+\begin{bmatrix}1 & -1\\ 0 & 0\\ 2 & 0\end{bmatrix}\begin{bmatrix}u_1\\ u_2\end{bmatrix}$

（4）$\dot{\boldsymbol{x}}(t)=\begin{bmatrix}-4 & 5\\ 1 & 0\end{bmatrix}\boldsymbol{x}(t)+\begin{bmatrix}-5\\ 1\end{bmatrix}u(t)$

5-2　已知系统的状态空间表达式为$\dot{X}=\begin{bmatrix}0 & 1\\ -1 & -2\end{bmatrix}X+\begin{bmatrix}1\\ -1\end{bmatrix}u$，$y=[1\quad 0]X$，判断系统的状态完全能控性和输出能控性。

5-3　判断下列系统的可观测性。

(1) $\dot{\boldsymbol{X}}=\begin{bmatrix}0&1&0&0\\0&0&-1&0\\0&0&0&1\\0&0&11&0\end{bmatrix}\boldsymbol{X}+\begin{bmatrix}0\\1\\0\\-1\end{bmatrix}u, y=\begin{bmatrix}1&0&0&0\end{bmatrix}\boldsymbol{X}$

(2) $\begin{bmatrix}\dot{x}_1\\\dot{x}_2\\\dot{x}_3\end{bmatrix}=\begin{bmatrix}0&1&0\\0&0&1\\-6&-11&-6\end{bmatrix}\begin{bmatrix}x_1\\x_2\\x_3\end{bmatrix}+\begin{bmatrix}0\\0\\1\end{bmatrix}u, y=\begin{bmatrix}4&5&1\end{bmatrix}\begin{bmatrix}x_1\\x_2\\x_3\end{bmatrix}$

(3) $\begin{bmatrix}\dot{x}_1\\\dot{x}_2\\\dot{x}_3\end{bmatrix}=\begin{bmatrix}-2&1&0\\0&-2&0\\0&0&5\end{bmatrix}\begin{bmatrix}x_1\\x_2\\x_3\end{bmatrix}, \begin{bmatrix}y_1\\y_2\end{bmatrix}=\begin{bmatrix}2&0&0\\0&0&-1\end{bmatrix}\begin{bmatrix}x_1\\x_2\\x_3\end{bmatrix}$

(4) $\dot{\boldsymbol{X}}(t)=\begin{bmatrix}0&1\\0&1\end{bmatrix}\boldsymbol{X}(t)+\begin{bmatrix}1&-1\\0&0\end{bmatrix}\boldsymbol{u}(t), \boldsymbol{y}=\begin{bmatrix}1&0\\0&1\end{bmatrix}\boldsymbol{X}(t)$

5-4 判断下列系统 $\sum(\boldsymbol{A},\boldsymbol{B},\boldsymbol{C})$ 的状态能控性和可观测性。

(1) $\boldsymbol{A}=\begin{bmatrix}1&0\\-1&2\end{bmatrix}, \boldsymbol{B}=\begin{bmatrix}1\\0\end{bmatrix}, \boldsymbol{C}=\begin{bmatrix}0&1\end{bmatrix}$

(2) $\boldsymbol{A}=\begin{bmatrix}-3&1&0\\0&-3&0\\0&0&-1\end{bmatrix}, \boldsymbol{B}=\begin{bmatrix}1&-1\\0&0\\2&0\end{bmatrix}, \boldsymbol{C}=\begin{bmatrix}1&0&0\\0&0&1\end{bmatrix}$

(3) $\boldsymbol{A}=\begin{bmatrix}-2&2&-1\\0&-2&0\\1&-4&0\end{bmatrix}, \boldsymbol{B}=\begin{bmatrix}0\\0\\1\end{bmatrix}, \boldsymbol{C}=\begin{bmatrix}1&-1&1\end{bmatrix}$

(4) $\boldsymbol{A}=\begin{bmatrix}-5&0&0\\0&-5&0\\0&0&1\end{bmatrix}, \boldsymbol{B}=\begin{bmatrix}1\\3\\2\end{bmatrix}, \boldsymbol{C}=\begin{bmatrix}1&2&3\\2&4&0\end{bmatrix}$

5-5 试判断线性控制系统 $\begin{bmatrix}\dot{x}_1\\\dot{x}_2\\\dot{x}_3\end{bmatrix}=\begin{bmatrix}1&3&2\\0&2&0\\0&1&3\end{bmatrix}\begin{bmatrix}x_1\\x_2\\x_3\end{bmatrix}+\begin{bmatrix}2&1\\1&1\\-1&-1\end{bmatrix}\begin{bmatrix}u_1\\u_2\end{bmatrix}$ 是否具有能控性。

5-6 分析单输入-单输出系统 $\sum=(\boldsymbol{A},\boldsymbol{B},\boldsymbol{C})$ 的能控性和可观测性。

$$\boldsymbol{A}=\begin{bmatrix}-1&0\\0&1\end{bmatrix},\quad \boldsymbol{B}=\begin{bmatrix}1\\0\end{bmatrix},\quad \boldsymbol{C}=\begin{bmatrix}1&1\end{bmatrix}$$

5-7 某控制系统的状态方程为 $\dot{\boldsymbol{X}}=\begin{bmatrix}a&1\\-1&0\end{bmatrix}\boldsymbol{X}+\begin{bmatrix}b\\-1\end{bmatrix}u$，求系统状态完全可控时，参数 a 和 b 的关系。

5-8 已知控制系统的状态空间表达式为

$$\dot{\boldsymbol{X}}=\begin{bmatrix}a&b\\c&d\end{bmatrix}\boldsymbol{X}+\begin{bmatrix}1\\1\end{bmatrix}u,\quad y=\begin{bmatrix}1&0\end{bmatrix}\boldsymbol{X}$$

试确定满足完全能控和完全能观测的 a、b、c、d 值。

5-9　某控制系统的状态空间表达式为 $\begin{cases}\dot{\boldsymbol{X}}=\begin{bmatrix}a & 1\\ -1 & 0\end{bmatrix}\boldsymbol{X}+\begin{bmatrix}b\\ -1\end{bmatrix}u\\ y=\begin{bmatrix}1 & -1\end{bmatrix}\boldsymbol{X}\end{cases}$

求系统状态完全能控又可观测时，参数 a 和 b 的关系。

5-10　已知控制系统的状态方程为

$$\dot{\boldsymbol{X}}=\begin{bmatrix}-1 & 0\\ 0 & -2\end{bmatrix}\boldsymbol{X}+\begin{bmatrix}2\\ 5\end{bmatrix}u$$

且系统是状态完全能控的，试将系统变换成能控标准型。

5-11　已知控制系统的状态空间表达式为

$$\dot{\boldsymbol{X}}=\begin{bmatrix}3 & 2\\ 1 & -1\end{bmatrix}\boldsymbol{X}+\begin{bmatrix}1\\ 2\end{bmatrix}u,\quad y=\begin{bmatrix}1 & 1\end{bmatrix}\boldsymbol{X}$$

且系统是状态完全能观测的，试将系统变换成能观测标准型。

5-12　系统 $\dot{\boldsymbol{x}}=\boldsymbol{A}\boldsymbol{x}+\boldsymbol{B}\boldsymbol{u}$，$y=\boldsymbol{C}\boldsymbol{X}$，式中 $\boldsymbol{A}=\begin{bmatrix}-2 & 0 & 0\\ 0 & -3 & 0\\ 0 & 0 & -4\end{bmatrix}$，$\boldsymbol{B}=\begin{bmatrix}\frac{1}{2}\\ -1\\ \frac{1}{2}\end{bmatrix}$，$\boldsymbol{C}=$ $\begin{bmatrix}0 & -1 & -3\end{bmatrix}$，判断系统能控、可观测的状态变量个数。

5-13　已知控制系统的状态空间表达式为

$$\dot{\boldsymbol{X}}=\begin{bmatrix}-3 & 1\\ -2 & 1.5\end{bmatrix}\boldsymbol{X}+\begin{bmatrix}1\\ 4\end{bmatrix}u,\quad y=\begin{bmatrix}1 & 0\end{bmatrix}\boldsymbol{X}$$

（1）试分析系统的状态能控性和输出能控性。

（2）确定系统的传递函数 $\dfrac{X_1(s)}{U(s)}$。

第 6 章

状态反馈与状态观测器

本章主要内容为单输入-单输出状态反馈系统的极点配置和状态重构的工作原理。其目的就是通过极点配置改善系统性能。本章重点掌握如何实现单输入-单输出状态反馈系统的极点配置和状态重构的方法。

6.1 单输入-单输出系统的状态反馈和输出反馈

系统的状态反馈归结为系统的综合,也就是系统的设计,是在给定系统基本结构、参数的前提下,设计一种控制器,使系统达到期望的性能指标。在现代控制理论中,控制系统的基本结构和经典控制理论一样,仍然是由受控对象和反馈控制器两部分构成。在经典控制理论中习惯采用输出反馈,而在现代控制理论中不仅有输出反馈,更有状态反馈。状态反馈能提供更丰富的状态信息和可供选择的自由度,从而使系统更容易获得优异的动态性能。

6.1.1 状态反馈

状态反馈是将系统的状态变量乘以相应的反馈系数,然后反馈到输出端与输入量相加形成控制规律,作为受控系统的控制输入。图 6-1 所示受控系统的方程为

$$\begin{aligned} \dot{\boldsymbol{X}} &= \boldsymbol{AX} + \boldsymbol{B}u \\ y &= \boldsymbol{CX} \end{aligned} \tag{6-1}$$

简记为 $\sum_0 = (\boldsymbol{A}, \boldsymbol{B}, \boldsymbol{C})$。

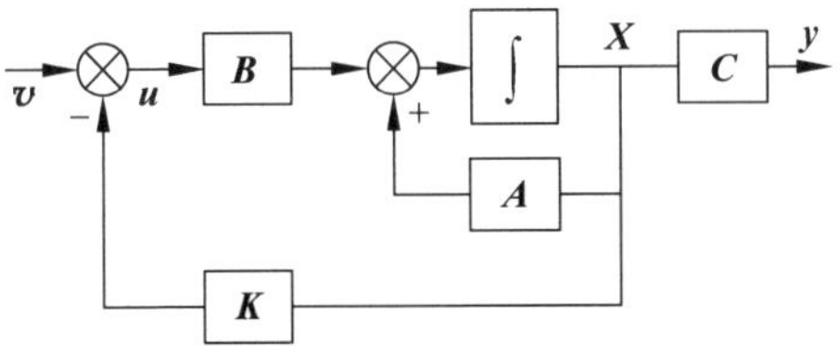

图 6-1　受控系统结构 1

状态线性反馈控制规律为

$$u = \boldsymbol{v} - \boldsymbol{KX} \tag{6-2}$$

式中:$\boldsymbol{v}$ 为 $r\times 1$ 维参考输入;$\boldsymbol{K}$ 为 $r\times n$ 维状态反馈系数矩阵或状态反馈增益矩阵。

把式(6-2)代入式(6-1)整理,得到状态反馈闭环系统的状态空间表达式:

$$\begin{cases}\dot{\boldsymbol{X}}=(\boldsymbol{A}-\boldsymbol{BK})\boldsymbol{X}+\boldsymbol{B}\boldsymbol{v}\\ \boldsymbol{y}=\boldsymbol{CX}\end{cases} \tag{6-3}$$

可简记为

$$\sum\nolimits_{k}=[(\boldsymbol{A}-\boldsymbol{BK}),\boldsymbol{B},\boldsymbol{C}]$$

闭环系统的传递函数矩阵：

$$\boldsymbol{G}_B(s)=\boldsymbol{C}[s\boldsymbol{I}-(\boldsymbol{A}-\boldsymbol{BK})]^{-1}\boldsymbol{B} \tag{6-4}$$

结论：比较开环系统 $\sum_0=(\boldsymbol{A},\boldsymbol{B},\boldsymbol{C})$ 与闭环系统 $\sum_k=[(\boldsymbol{A}-\boldsymbol{BK}),\boldsymbol{B},\boldsymbol{C}]$ 可以看出，状态反馈矩阵 $\boldsymbol{K}$ 的引入并不能增加系统的维数，但通过 $\boldsymbol{K}$ 的选择可以自由地改变闭环系统的特征值(系统的极点)，从而使系统获得所需要的性能。在 6.2 节中可以看到，如果系统是能控的，就可通过选择适当的 $\boldsymbol{K}$ 来任意配置系统的极点。

6.1.2 输出反馈

输出反馈是采用输出矢量 $\boldsymbol{y}$ 构成线性反馈规律。如图 6-2 所示受控系统，其线性反馈规律为

$$\boldsymbol{u}=\boldsymbol{v}+\boldsymbol{H}\boldsymbol{y}$$

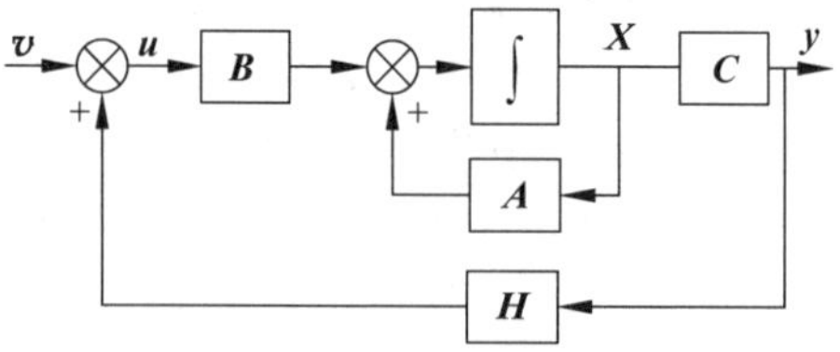

图 6-2 受控系统结构 2

则闭环系统的状态方程和输出方程为

$$\dot{\boldsymbol{X}}=(\boldsymbol{A}+\boldsymbol{BHC})\boldsymbol{X}+\boldsymbol{B}\boldsymbol{v}$$
$$\boldsymbol{y}=\boldsymbol{CX}$$

经常表示为 $\sum_H=[(\boldsymbol{A}+\boldsymbol{BHC}),\boldsymbol{B},\boldsymbol{C}]$，其闭环传递函数为

$$\boldsymbol{G}_B(s)=\boldsymbol{C}[s\boldsymbol{I}-(\boldsymbol{A}+\boldsymbol{BHC})]^{-1}\boldsymbol{B} \tag{6-5}$$

若受控系统的传递函数阵为

$$\boldsymbol{G}_0(s)=\boldsymbol{C}(s\boldsymbol{I}-\boldsymbol{A})^{-1}\boldsymbol{B}$$

则 $\boldsymbol{G}_0(s)$ 和 $\boldsymbol{G}_B(s)$ 存在下列关系：

$$\begin{aligned}\boldsymbol{G}_B(s)&=\boldsymbol{G}_0(s)[\boldsymbol{I}-\boldsymbol{H}\boldsymbol{G}_0(s)]^{-1}\\ \boldsymbol{G}_B(s)&=[\boldsymbol{I}-\boldsymbol{G}_0(s)\boldsymbol{H}]^{-1}\boldsymbol{G}_0(s)\end{aligned} \tag{6-6}$$

输出反馈可以通过 $\boldsymbol{H}$ 来改变系统的极点，但它不能像状态反馈那样任意配置系统的极点。$\boldsymbol{K}$ 可以自由选择，但 $\boldsymbol{HC}$ 不能自由选择。可见状态反馈能在更大范围内改善系统的性能。

6.1.3 两种反馈形式的特点

(1) 两种反馈形式的引入并不增加新的状态变量，即闭环系统和开环系统具有相同的阶数。

(2) 两种反馈闭环系统均能保持反馈引入前的能控性，但对于可观测性则不然。对于状态反馈形式，不一定能保持原系统的可观测性；对于输出反馈形式，必定能保持原系统的可观测性。

(3) 在工程实现的某些方面，两种反馈形式常会遇到一定的困难，因此，在某些情况下，还需将它们推广成一般形式。

6.2 极点配置法

系统的极点决定着系统的性能，可通过状态反馈配置系统的极点以达到改善系统性能的目的。本节在阐明状态反馈配置系统极点的条件基础上，重点研究极点配置的计算方法，即状态反馈矩阵 $\boldsymbol{K}$ 的计算方法。由于状态反馈只与状态方程有关，而与系统的输出无关，所以只研究状态方程即可。这里仅研究单输入系统情况，对多输入系统情况请查阅相关文献。

6.2.1 极点配置的定义

所谓极点配置，就是通过选择反馈增益矩阵，将闭环系统的极点恰好配置在 s 平面上所期望的一组极点的位置上，以获得所希望的动态性能。在经典控制理论中所介绍的频率法，就属于极点配置法。

6.2.2 状态反馈的极点配置

1. 极点配置的定理

定理 采用状态反馈对系统 $\sum_0=(\boldsymbol{A},\boldsymbol{B},\boldsymbol{C})$ 任意配置极点的充分必要条件是 $\sum_0$ 完全能控。

证明：略。

2. 极点配置的方法

极点配置有两种方法：特征值不变性方法和能控规范型方法。

1) 特征值不变性方法

设给定线性定常系统为 $\dot{\boldsymbol{X}}=\boldsymbol{AX}+\boldsymbol{B}u$，若反馈控制为 $u=v-\boldsymbol{KX}$ 且系统是完全能控的，则 $\boldsymbol{A}$ 的特征多项式为

$$\det(s\boldsymbol{I}-\boldsymbol{A})=|s\boldsymbol{I}-\boldsymbol{A}|=s^n+a_1s^{n-1}+\cdots+a_{n-1}s+a_n$$

由此可以确定 $a_1,a_2,\cdots,a_n$ 的值。

利用给定的期望闭环极点，可写出期望的特征多项式为

$$(s-a_1)(s-a_2)\cdots(s-a_n)=s^n+a_1^*s^{n-1}+\cdots+a_{n-1}^*s+a_n^*=0$$

由此可得出 $a_1^*,a_2^*,\cdots,a_n^*$ 的值。

若给定的状态方程不是能控标准型，则存在一个非奇异线性变换矩阵为

$$\boldsymbol{P}=\boldsymbol{QW} \tag{6-7}$$

式中：

$$\boldsymbol{Q}=[\boldsymbol{B}\quad \boldsymbol{AB}\quad \cdots\quad \boldsymbol{A}^{n-1}\boldsymbol{B}]$$

$$W=\begin{bmatrix} a_{n-1} & a_{n-2} & \cdots & a_1 & 1 \\ a_{n-2} & a_{n-3} & \cdots & 1 & 0 \\ a_1 & 1 & \cdots & 0 & 0 \\ 1 & 0 & \cdots & 0 & 0 \end{bmatrix}$$

最后，由 $a_i(i=1,2,\cdots,n)$ 和 $a_i^*(i=1,2,\cdots,n)$ 的值确定状态反馈增益矩阵 $\boldsymbol{K}$，即

$$\boldsymbol{K}=\left[a_n^*-a_n \quad a_{n-1}^*-a_{n-1} \quad \cdots \quad a_2^*-a_2 \quad a_1^*-a_1\right]\boldsymbol{P}^{-1} \tag{6-8}$$

2）能控规范型方法

由极点配置的充要条件可知，当原系统 $\sum_0=(\boldsymbol{A},\boldsymbol{B},\boldsymbol{C})$ 完全能控且给定的状态方程是能控标准型时，其状态反馈矩阵 $\boldsymbol{K}$ 就是式(6-8)，式中 $a_1^*,a_2^*,\cdots,a_n^*$ 就是由给定希望极点为零根组成的特征多项式的系数。

【例 6-1】 线性定常系统为

$$\dot{\boldsymbol{X}}=\boldsymbol{AX}+\boldsymbol{B}u$$

$$\boldsymbol{A}=\begin{bmatrix} 0 & 1 & 0 \\ 0 & 0 & 1 \\ -1 & -5 & -6 \end{bmatrix},\quad \boldsymbol{B}=\begin{bmatrix} 0 \\ 0 \\ 1 \end{bmatrix}$$

利用状态反馈控制 $\boldsymbol{u}=\boldsymbol{v}-\boldsymbol{KX}$ 希望该系统的闭环极点为 $s_{1,2}=-2\pm \mathrm{j}4$ 和 $s=-10$。试确定状态反馈增益矩阵 $\boldsymbol{K}$。

解：系统的可控性矩阵为

$$\boldsymbol{Q}=[\boldsymbol{B} \quad \boldsymbol{AB} \quad \boldsymbol{A}^2\boldsymbol{B}]=\begin{bmatrix} 0 & 0 & 1 \\ 0 & 1 & -6 \\ 1 & -6 & 31 \end{bmatrix}$$

$\det\boldsymbol{Q}=-1$，$\mathrm{rank}\boldsymbol{Q}=3$。因此该系统状态是完全能控的，可任意配置极点。

用能控规范型方法求状态反馈增益矩阵 $\boldsymbol{K}$。

设期望的状态反馈增益矩阵为

$$\boldsymbol{K}=[k_1 \quad k_2 \quad k_3]$$

并使 $[s\boldsymbol{I}-\boldsymbol{A}+\boldsymbol{BK}]$ 和期望的特征多项式相等。则

$$[s\boldsymbol{I}-\boldsymbol{A}+\boldsymbol{BK}]=\begin{bmatrix} s & 0 & 0 \\ 0 & s & 0 \\ 0 & 0 & s \end{bmatrix}-\begin{bmatrix} 0 & 1 & 0 \\ 0 & 0 & 1 \\ -1 & -5 & -6 \end{bmatrix}+\begin{bmatrix} 0 \\ 0 \\ 1 \end{bmatrix}[k_1 \quad k_2 \quad k_3]$$

$$\begin{aligned}\det[s\boldsymbol{I}-\boldsymbol{A}+\boldsymbol{BK}]&=\begin{vmatrix} s & -1 & 0 \\ 0 & s & -1 \\ 1+k_1 & 5+k_2 & s+6+k_3 \end{vmatrix}\\ &=s^3+(6+k_3)s^2+(5+k_2)s+1+k_1\\ &=(s+2-\mathrm{j}4)(s+2+\mathrm{j}4)(s+10)\\ &=s^3+14s^2+60s+200\end{aligned}$$

由 $\begin{cases} 6+k_3=14 \\ 5+k_2=60 \\ 1+k_1=200 \end{cases}$，得

$$\begin{cases} k_1=199 \\ k_2=55 \\ k_3=8 \end{cases} \quad 或 \quad \boldsymbol{K}=[199 \quad 55 \quad 8]$$

用特征值不变性方法求解状态反馈增益矩阵 $\boldsymbol{K}$。

设该系统的特征方程为

$$|s\boldsymbol{I}-\boldsymbol{A}|=\begin{bmatrix} s & -1 & 0 \\ 0 & s & -1 \\ 1 & 5 & s+6 \end{bmatrix}=s^3+6s^2+5s+1=s^3+a_1s^2+a_2s+a_3=0$$

则 $a_1=6, a_2=5, a_3=1$。

期望特征方程为

$$(s+2-\mathrm{j}4)(s+2+\mathrm{j}4)(s+10)=s^3+14s^2+60s+200=s^3+a_1^*s^2+a_2^*s+a_3^*=0$$

则 $a_1^*=14, a_2^*=60, a_3^*=200$。

利用式(6-6),得

$$\boldsymbol{K}=[200-1 \quad 60-5 \quad 14-6]=[199 \quad 55 \quad 8]$$

注意:对于单输入系统,期望极点一旦确定,状态反馈矩阵 $\boldsymbol{K}$ 是唯一的。

6.2.3 用 MATLAB 求状态反馈的极点配置

例 6-1 还可以利用 MATLAB 处理极点配置问题,具体程序如下:

```
>> A = [0 1 0;0 0 1; -1 -5 -6];            % 矩阵 A
>> B = [0 0 1]';                           % 矩阵 B
>> p = [ -2 + 4j  -2 - 4j  -10];           % 期望特征值数组
>> k = acker(a,b,p)
```

状态反馈增益矩阵结果为

```
k =
   199     55     8
```

6.3 状态重构问题

状态反馈可实现的条件是系统的状态 $\boldsymbol{X}$ 是可测量的,但在实际系统中有的状态是难以直接测量的,此时系统的状态是无法用物理仪器测量的。为了实现状态反馈,就必须重构系统的状态 $\widetilde{\boldsymbol{X}}$,而用来重构系统的状态线路就是状态观测器。

6.3.1 状态观测器的极点配置

所谓状态重构,就是能否从系统的可测参量(如输出 $\boldsymbol{y}$ 和输入 $\boldsymbol{v}$)来重新构造一个状态变量 $\widetilde{\boldsymbol{X}}$,使之在一定的指标下和系统的真实状态 $\boldsymbol{X}$ 等价。即

$$\lim_{t\to\infty}[\boldsymbol{X}(t)-\widetilde{\boldsymbol{X}}(t)]=0 \tag{6-9}$$

这是重构状态 $\widetilde{\boldsymbol{X}}$ 和真实状态 $\boldsymbol{X}$ 间的等价性指标。

至此并没有完全解决状态重构问题，一方面，系统的状态是不能直接测量的，因此很难判断 $\widetilde{\boldsymbol{X}}$ 是否逼近 $\boldsymbol{X}$；另一方面，不一定能保证 $\boldsymbol{A}$ 的特征值均具有负实部。为了克服这个困难，用对输出量间的差值 $\boldsymbol{y}-\tilde{\boldsymbol{y}}=\boldsymbol{CX}-\boldsymbol{C}\widetilde{\boldsymbol{X}}=\boldsymbol{C}(\boldsymbol{X}-\widetilde{\boldsymbol{X}})$ 的测量来代替对 $\boldsymbol{X}-\widetilde{\boldsymbol{X}}$ 的测量，而且当 $\lim\limits_{t\to\infty}(\boldsymbol{X}-\widetilde{\boldsymbol{X}})=0$ 时，有 $\lim\limits_{t\to\infty}(\boldsymbol{y}-\tilde{\boldsymbol{y}})=0$，同时引入反馈矩阵 $\boldsymbol{G}$，使系统特征值具有负实部。这样构成的重构状态方程为

$$\begin{aligned}\dot{\widetilde{\boldsymbol{X}}}&=\boldsymbol{A}\widetilde{\boldsymbol{X}}+\boldsymbol{B}\boldsymbol{v}+\boldsymbol{G}(\boldsymbol{y}-\tilde{\boldsymbol{y}})=\boldsymbol{A}\widetilde{\boldsymbol{X}}+\boldsymbol{B}\boldsymbol{v}+\boldsymbol{GC}(\boldsymbol{X}-\widetilde{\boldsymbol{X}})\\&=(\boldsymbol{A}-\boldsymbol{GC})\widetilde{\boldsymbol{X}}+\boldsymbol{BV}+\boldsymbol{GCX}=(\boldsymbol{A}-\boldsymbol{GC})\widetilde{\boldsymbol{X}}+\boldsymbol{BV}+\boldsymbol{Gy}\end{aligned}\tag{6-10}$$

图 6-3 为状态重构结构图。

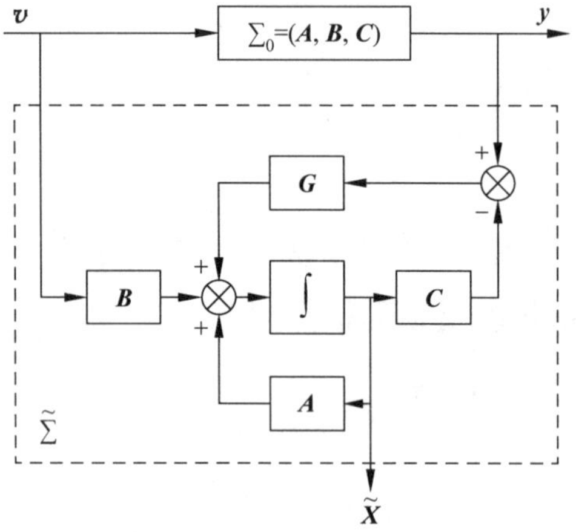

图 6-3　状态重构结构图

状态观测器的极点配置定理如下。

定理　线性定常系统 $\sum_0=(\boldsymbol{A},\boldsymbol{B},\boldsymbol{C})$，其观测器 $\widetilde{\sum}=(\boldsymbol{A}-\boldsymbol{GC},\boldsymbol{B},\boldsymbol{G})$ 可以任意配置极点的充要条件是 $\sum_0=(\boldsymbol{A},\boldsymbol{B},\boldsymbol{C})$ 为完全可观测。

实现方法之一为

$$f^0(s)=\det(s\boldsymbol{I}-\boldsymbol{A}+\boldsymbol{GC})=|s\boldsymbol{I}-\boldsymbol{A}+\boldsymbol{GC}|$$

式中：$f^0(s)$ 为观测器系统希望极点组成的特征多项式；$|s\boldsymbol{I}-\boldsymbol{A}+\boldsymbol{GC}|$ 为观测器闭环系统的特征多项式。

【例 6-2】　设线性定常系统状态方程和输出方程为

$$\dot{\boldsymbol{X}}=\boldsymbol{AX}+\boldsymbol{B}\,\boldsymbol{v},\quad \boldsymbol{y}=\boldsymbol{CX}$$

式中：

$$\boldsymbol{A}=\begin{bmatrix}0&1&0\\0&0&1\\-6&-11&-6\end{bmatrix},\quad \boldsymbol{B}=\begin{bmatrix}0\\0\\1\end{bmatrix},\quad \boldsymbol{C}=\begin{bmatrix}1&0&0\end{bmatrix}$$

设计一个状态观测器，要求将其极点配置在 $s_1=-2+\mathrm{j}2\sqrt{3}$、$s_2=-2-\mathrm{j}2\sqrt{3}$，$s_3=-5$ 上。

解：根据给定的系数矩阵 $\boldsymbol{A}$、$\boldsymbol{C}$，求得给定系统的可观测性矩阵的秩为

$$\operatorname{rank}\begin{bmatrix}\boldsymbol{C}\\\boldsymbol{CA}\\\boldsymbol{CA}^2\end{bmatrix}=\operatorname{rank}\begin{bmatrix}1&0&0\\0&1&0\\0&0&1\end{bmatrix}=3$$

可见系统具有可观测性。

设反馈矩阵 $\boldsymbol{G}$ 为

$$\boldsymbol{G}=\begin{bmatrix}g_3\\g_2\\g_1\end{bmatrix}$$

则观测器的特征多项式为

$$\begin{aligned}\det[s\boldsymbol{I}-\boldsymbol{A}+\boldsymbol{GC}]&=\begin{bmatrix}s+g_3&-1&0\\g_2&s&-1\\g_1+6&11&s+6\end{bmatrix}\\&=s^3+(g_3+6)s^2+(6g_3+g_2+11)s+(11g_3+6g_2+g_1+6)\end{aligned}$$

由极点配置要求，得相应的系统的特征多项式：

$$\begin{aligned}f^0(s)&=(s-s_1)(s-s_2)(s-s_3)=(s+2-\mathrm{j}\sqrt{3})(s+2+\mathrm{j}\sqrt{3})(s+5)\\&=s^3+9s^2+36s+80\end{aligned}$$

上述两个特征多项式对应项系数相等，有

$$\begin{cases}g_3+6=9\\6g_3+g_2+11=36\\11g_3+6g_2+g_1+6=80\end{cases}$$

得

$$g_3=3,\quad g_2=7,\quad g_1=-1$$

因此，有

$$\boldsymbol{G}=\begin{bmatrix}g_3\\g_2\\g_1\end{bmatrix}=\begin{bmatrix}3\\7\\-1\end{bmatrix}$$

故状态观测器的状态方程为

$$\dot{\tilde{\boldsymbol{X}}}=(\boldsymbol{A}-\boldsymbol{GC})\tilde{\boldsymbol{X}}+\boldsymbol{B}\boldsymbol{v}+\boldsymbol{G}\boldsymbol{y}$$

即

$$\begin{bmatrix}\dot{\tilde{x}}_1\\\dot{\tilde{x}}_2\\\dot{\tilde{x}}_3\end{bmatrix}=\begin{bmatrix}-3&1&0\\-7&0&1\\-5&-11&-6\end{bmatrix}\begin{bmatrix}\tilde{x}_1\\\tilde{x}_2\\\tilde{x}_3\end{bmatrix}+\begin{bmatrix}0\\0\\1\end{bmatrix}\boldsymbol{v}+\begin{bmatrix}3\\7\\-1\end{bmatrix}\boldsymbol{y}$$

6.3.2 闭环系统的等价性

设原系统的状态方程和输出方程为

$$\dot{\boldsymbol{X}}=\boldsymbol{AX}+\boldsymbol{B}\boldsymbol{v}\tag{6-11}$$

$$\boldsymbol{y}=\boldsymbol{CX}\tag{6-12}$$

且能控可观测，状态观测器的状态方程为

$$\dot{\widetilde{X}}=(A-GC)\widetilde{X}+Bv+Gy \tag{6-13}$$

控制作用 v 为

$$v=u-K\widetilde{X} \tag{6-14}$$

因此,带有状态观测器的状态反馈系统的阶数为 $2n$。引入变量 $X-\widetilde{X}$,则有如下方程:

$$\dot{X}=(A-BK)X+BK(X-\widetilde{X})+Bu \tag{6-15}$$

$$\dot{X}-\dot{\widetilde{X}}=(A-GC)(X-\widetilde{X}) \tag{6-16}$$

则可用分块矩阵形式:

$$\begin{bmatrix}\dot{X}\\ \dot{X}-\dot{\widetilde{X}}\end{bmatrix}=\begin{bmatrix}A-BK & \vdots & BK\\ \vdots & \cdots & \vdots\\ 0 & \vdots & A-GC\end{bmatrix}\begin{bmatrix}X\\ \vdots\\ X-\widetilde{X}\end{bmatrix}+\begin{bmatrix}B\\ \vdots\\ 0\end{bmatrix}u \tag{6-17}$$

$$y=\begin{bmatrix}C & \cdots & 0\end{bmatrix}\begin{bmatrix}X\\ \vdots\\ X-\widetilde{X}\end{bmatrix} \tag{6-18}$$

将这个复合系统用(A_1,B_1,C_1)表示,则有

$$A_1=\begin{bmatrix}A-BK & \vdots & BK\\ \vdots & \cdots & \vdots\\ 0 & \vdots & A-GC\end{bmatrix},\quad B_1=\begin{bmatrix}B\\ \vdots\\ 0\end{bmatrix},\quad C_1=\begin{bmatrix}C & \cdots & 0\end{bmatrix} \tag{6-19}$$

其传递函数为

$$\Phi_1(s)=\frac{Y(s)}{U(s)}=C_1(sI-A_1)^{-1}B_1=C[sI-(A-BK)]^{-1}B \tag{6-20}$$

当原系统的状态变量 X 可直接测量时,用 X 进行状态反馈构成的闭环系统的状态方程与输出方程为

$$\dot{X}=(A-BK)X+Bu \tag{6-21}$$

$$y=CX \tag{6-22}$$

其闭环系统传递函数为

$$\Phi(s)=\frac{Y(s)}{U(s)}=C[sI-(A-BK)]^{-1}B \tag{6-23}$$

比较式(6-19)和式(6-16)可知,由状态观测器的状态 $\widetilde{X}$ 进行状态反馈和直接用实际状态 X 进行状态反馈,其闭环传递函数完全相同,即等价。

6.3.3 带观测器的闭环控制系统

【例 6-3】 设系统状态方程与输出方程为 $\dot{X}=\begin{bmatrix}0 & 1\\ 0 & -5\end{bmatrix}X+\begin{bmatrix}0\\ 1\end{bmatrix}v$,$y=\begin{bmatrix}1 & 0\end{bmatrix}X$,试设计带状态观测器的状态反馈系统,使反馈系统的极点配置在 $s_{1,2}=-1\pm j1$。闭环系统的极点配置在 $s_{1,2}=-5$。

解:根据给定系统的系数矩阵 A、B、C,求得给定系统的能控和可观测矩阵的秩分别为

$$\operatorname{rank}[\boldsymbol{B}\quad \boldsymbol{AB}]=\operatorname{rank}\begin{bmatrix}0 & 1\\ 1 & -5\end{bmatrix}=2=n$$

$$\operatorname{rank}\begin{bmatrix}\boldsymbol{C}\\ \boldsymbol{CA}\end{bmatrix}=\operatorname{rank}\begin{bmatrix}1 & 0\\ 0 & 1\end{bmatrix}=2=n$$

所以系统的状态是完全能控且完全可观测的，矩阵 $\boldsymbol{K}$、$\boldsymbol{G}$ 存在，系统及观测器的极点可任意配置。

设计状态反馈矩阵。设 $\boldsymbol{K}=[k_2\quad k_1]$，引入状态反馈后，系统的特征多项式为

$$|s\boldsymbol{I}-(\boldsymbol{A}-\boldsymbol{BK})|=\begin{vmatrix}s & -1\\ k_2 & s+5+k_1\end{vmatrix}=s^2+(5+k_1)s+k_2$$

由反馈系统极点要求而确定的特征多项式为

$$f^0(s)=(s+1-\mathrm{j})(s+1+\mathrm{j})=s^2+2s+2$$

由两个特征多项式相等，得

$$5+k_1=2,\quad k_2=2$$

由此解得 $k_1=-3$，$k_2=2$。即

$$\boldsymbol{K}=[k_2\quad k_1]=[2\quad -3]$$

设计观测器。设

$$\boldsymbol{G}=\begin{bmatrix}g_2\\ g_1\end{bmatrix}$$

由极点配置要求，可得相应的闭环系统的特征多项式为

$$f^0(s)=(s+5)^2=s^2+10s+25$$

观测器的特征多项式为

$$\det[s\boldsymbol{I}-\boldsymbol{A}+\boldsymbol{GC}]=s^2+(5+g_2)s+(5g_2+g_1)$$

由两个特征多项式相等，有 $5+g_2=10$，$5g_2+g_1=25$，得 $g_2=5$，$g_1=0$。即

$$\boldsymbol{G}=\begin{bmatrix}g_2\\ g_1\end{bmatrix}=\begin{bmatrix}5\\ 0\end{bmatrix}$$

因此，观测器状态方程为

$$\dot{\tilde{\boldsymbol{X}}}=(\boldsymbol{A}-\boldsymbol{GC})\tilde{\boldsymbol{X}}+\boldsymbol{B}\boldsymbol{v}+\boldsymbol{G}\boldsymbol{y}=\begin{bmatrix}-5 & 1\\ 0 & -5\end{bmatrix}\tilde{\boldsymbol{X}}+\begin{bmatrix}0\\ 1\end{bmatrix}\boldsymbol{v}+\begin{bmatrix}5\\ 0\end{bmatrix}\boldsymbol{y}$$

本章小结

本章主要讨论了系统状态空间表达式中状态反馈和状态观测器的问题，这是系统的综合问题。重点阐述了通过状态反馈来改善系统性能，满足系统各项性能指标的要求，通过状态反馈任意配置系统的极点(特征值)的充分必要条件是系统能控；系统状态重构是基于状态观测来讨论分析的，它使状态反馈在实际系统中的实现成为可能，任意配置状态观测器的极点(特征值)的充分必要条件是系统可观测。

习　题

6-1　已知控制系统为

$$\begin{cases}\dot{x}_1 = x_2\\ \dot{x}_2 = x_3\\ \dot{x}_3 = -x_1 - x_2 - x_3 + 3m\end{cases}$$

试确定线性状态反馈增益矩阵，使系统的极点均为-3。

6-2　已知线性定常系统为

$$\dot{\boldsymbol{X}} = \boldsymbol{AX} + \boldsymbol{B}u,\quad \boldsymbol{A} = \begin{bmatrix}0 & 1 & 0\\ 0 & 0 & 1\\ -1 & -5 & -6\end{bmatrix},\quad \boldsymbol{B} = \begin{bmatrix}0\\0\\1\end{bmatrix}$$

利用状态反馈控制 $\boldsymbol{u}=\boldsymbol{v}-\boldsymbol{KX}$ 希望该系统的闭环极点为 $s_{1,2}=-2\pm \mathrm{j}4$ 和 $s=-10$。试确定状态反馈增益矩阵 $\boldsymbol{K}$。

6-3　已知控制系统为

$$\dot{\boldsymbol{X}}(t) = \begin{bmatrix}0 & 1\\ 0 & -5\end{bmatrix}\boldsymbol{X}(t) + \begin{bmatrix}0\\1\end{bmatrix}\boldsymbol{u}(t),\quad \boldsymbol{y}(t) = [1\quad 0]\boldsymbol{x}(t)$$

试求：

(1) 判断系统的能控性和可观测性；

(2) 求系统的传递函数 $\boldsymbol{G}(s)$；

(3) 设计状态反馈矩阵 $\boldsymbol{K}$，使期望极点配置在 $s_{1,2}=-1\pm \mathrm{j}1$。

6-4　已知单输入-单输出控制系统的传递函数为$\dfrac{Y(s)}{U(s)}=\dfrac{10}{s(s+1)(s+2)}$，试确定一个状态反馈矩阵，使闭环极点配置在 2、$-\pm \mathrm{j}$。

6-5　设线性控制系统的传递函数为$\dfrac{Y(s)}{U(s)}=\dfrac{2}{(s+1)(s+2)}$，试确定一个状态观测器，使其极点均为 10。

6-6　已知控制系统的状态空间表达式为

$$\dot{\boldsymbol{X}} = \begin{bmatrix}0 & 0 & -2\\ 1 & 0 & 9\\ 0 & 1 & 0\end{bmatrix}\boldsymbol{X} + \begin{bmatrix}3\\2\\1\end{bmatrix}\boldsymbol{u},\quad \boldsymbol{y} = [0\quad 0\quad 1]\boldsymbol{X}$$

系统状态是完全可观测的，试确定一个状态观测器，其极点为-3、-4、-5。

第7章

变分法与最优控制

本章在简单介绍最优控制基本概念的基础上，着重阐述了变分法及其应用，变分法是求泛函极值的一种经典方法。本章重点掌握利用欧拉方程求解泛函极值的基本方法。

7.1　最优控制的基本概念

7.1.1　什么是最优控制

最优控制是现代控制理论的一个重要组成部分，它研究的中心问题是怎样选择控制规律才能使控制系统的性能及品质在某种意义下是最佳的。即利用最优控制理论，有可能在严格的数学基础上获得一个控制规律，也有可能使描述系统性能与品质的某个“性能指标”达到最优值。因此，最优控制系统就是在一定的具体条件下，在完成所要求的具体任务时，系统的某些性能指标具有最优值。

最优控制的目的是使系统的某种性能指标达到最佳，也就是说，利用控制作用可按照人们的愿望选择一条达到目标的最佳途径（即最佳轨迹），至于哪一条轨迹为最优，对于不同的系统有不同的要求，即使对同一系统，也可能有不同的要求。例如，在机床加工中，可要求加工成本最低为最优；在导弹飞行控制中，可要求燃料消耗最少为最优。因此，最优是以选定的性能指标最优为依据的。

最优控制系统的设计在于选择最优控制律，以便使某一性能指标达到极值（极大值或极小值）。

最优控制问题就是在满足一定的约束条件下，从所有可供选择的控制中寻找一个最优控制 $u^*(t)$，使系统状态 $x(t)$ 从已知初始状态 x_0 转移到所要求的终端状态 $x(t_f)$，并且使性能指标 J 达到极值。

最优控制的解法有两种，一种是庞德亚金极大（小）值原理，另一种是贝尔曼动态规划法。这两种方法同等有效，但庞德亚金极大（小）值原理应用得更多，其基础为变分法。

7.1.2　最优控制的几种性能指标

所谓“最优”，是指某种意义下的最优，这个标准就是控制系统的性能指标 J，从数学形式及物理意义而言，性能指标 J 的形式可分为以下三类。

1. 积分型性能指标

$$J=\int_{t_0}^{t_f} F[x(t),u(t),t]\mathrm{d}t \tag{7-1}$$

这是一种积分型泛函，在变分法中，这类问题称为拉格朗日问题，它要求状态向量及控制向量在整个动态过程中都应满足一定要求。

2. 终值型性能指标

$$J=\theta[x(t_f),t_f] \tag{7-2}$$

这种性能指标只对系统在动态过程结束时的终端状态 $x(t_f)$ 提出要求，终端时刻 t_f 可以固定，也可以自由，在变分法中，这类问题称为迈耶尔问题。

3. 复合型性能指标

$$J=\theta[x(t_f,t_f)]+\int_{t_0}^{t_f}F[x(t),u(t),t]\mathrm{d}t \tag{7-3}$$

这一性能指标对控制过程和终端状态均有要求，是积分型性能指标和终值型性能指标的综合，是一般的性能指标形式，在变分法中，复合型性能指标的最优问题称为波尔扎问题。

注意：在积分型性能指标中已包含了对终值状态的要求，而在复合型性能指标中，只是比积分型性能指标更加强调了对终值状态的要求。

7.2 变分法及其应用

7.2.1 什么是泛函数

定义：如果对于自变量 t，存在一类函数 $\{x(t)\}$ 对于每个函数 $x(t)$，有一个 J 值与之对应，则变量 J 称为依赖于函数 $x(t)$ 的泛函数，简称泛函，记作 $J[x(t)]$。

由定义可以看出，泛函 J 的自变量 x 是 t 的函数，有时也将泛函称为函数的函数。

7.2.2 无约束条件的变分法

所谓无约束，是指控制作用 $u(t)$ 不受不等式的约束，可以在整个 r 维向量空间中任意取值。

无约束条件的泛函极值的必要条件为

$$\frac{\partial F}{\partial x}-\frac{\mathrm{d}}{\mathrm{d}t}\frac{\partial F}{\partial \dot{x}}=0 \tag{7-4}$$

式(7-4)称为欧拉-拉格朗日方程，简称欧拉方程。欧拉方程是泛函极值的必要条件，但不是充分条件。在处理实际泛函极值问题时，一般不考虑充分条件，而是从实际问题的性质出发，间接地判断泛函极值的存在性，直接利用欧拉方程来求出极值轨线 $x^*(t)$。

一般情况下，欧拉方程求解过程需要确定两个积分常数，因此需要两个边界条件。这两个边界条件可以有下列四种情况。

1. 固定始端和固定终端

即始端状态 $x(t_0)$ 和终端状态 $x(t_f)$ 均给定，则边界条件为

$$x(t_0)=x_0,\quad x(t_f)=x_f \tag{7-5}$$

2. 自由始端和自由终端

即始端状态 $x(t_0)$ 和终端状态 $x(t_f)$ 均无规定，则边界条件为

$$\left.\frac{\partial F}{\partial x}\right|_{t_0}=0,\quad \left.\frac{\partial F}{\partial x}\right|_{t_f}=0 \tag{7-6}$$

3. 自由始端和固定终端

即始端状态 $x(t_0)$ 为任意值，终端状态 $x(t_f)$ 给定，则边界条件为

$$\left.\frac{\partial F}{\partial x}\right|_{t_0}=0,\quad x(t_f)=x_f \tag{7-7}$$

4. 固定始端和自由终端

即始端状态 $x(t_0)$ 给定，终端状态 $x(t_f)$ 为任意值，则边界条件为

$$x(t_0)=x_0,\quad \left.\frac{\partial F}{\partial x}\right|_{t_f}=0 \tag{7-8}$$

【例 7-1】 设性能指标为

$$J=\int_0^{\frac{\pi}{2}}(\dot{x}_1^2+\dot{x}_2^2+2x_1x_2)\mathrm{d}t$$

边界条件为

$$x_1(0)=x_2(0)=0,\quad x_1\left(\frac{\pi}{2}\right)=x_2\left(\frac{\pi}{2}\right)=1$$

试求 J 为极值时的曲线 $x^*(t)$。

解：本题为两端固定的无约束泛函极值问题，可由欧拉方程及边界条件求解。

由题可知被积泛函为

$$F=\dot{x}_1^2+\dot{x}_2^2+2x_1x_2$$

欧拉方程为

$$\frac{\partial F}{\partial x}-\frac{\mathrm{d}}{\mathrm{d}t}\frac{\partial F}{\partial \dot{x}}=0$$

解得

$$x_2-\ddot{x}_1=0,\quad x_1-\ddot{x}_2=0$$

上两式的解为

$$x_1(t)=c_1\mathrm{e}^t+c_2\mathrm{e}^{-t}+c_3\sin t+c_4\cos t$$

$$x_2(t)=c_1\mathrm{e}^t+c_2\mathrm{e}^{-t}-c_3\sin t-c_4\cos t$$

代入已知的边界条件，可求出

$$c_1=\frac{1}{2\mathrm{sh}\,\frac{\pi}{2}},\quad c_2=-\frac{1}{2\mathrm{sh}\,\frac{\pi}{2}}$$

$$c_3=c_4=0$$

故所求的极值曲线为

$$x_1^*(t)=x_2^*(t)=\frac{\mathrm{sh}\,t}{\mathrm{sh}\,\frac{\pi}{2}}$$

7.2.3 有约束条件的泛函极值问题

在实际问题中，对应泛函极值的最优轨线 $x^*(t)$ 通常不能任意选取，而是受各种约束。求泛函在等式约束下的极值，称为条件泛函极值问题。

设约束方程为

$$G(x,t)=0 \tag{7-9}$$

式中：$x\in R^n, G\in R^m, m<n$。

构造增广泛函：

$$J_a=\int_{t_0}^{t_f}[F(x,\dot{x},t)+\lambda(t)G(x,t)]\mathrm{d}t \tag{7-10}$$

式中：$\lambda\in R^m$，称为拉格朗日乘子向量。

令纯量函数：

$$L(x,\dot{x},\lambda,t)=F(x,\dot{x},t)+\lambda(t)G(x,t) \tag{7-11}$$

满足下述条件：

$$\frac{\partial F}{\partial x}-\frac{\mathrm{d}}{\mathrm{d}t}\frac{\partial F}{\partial \dot{x}}=0 \tag{7-12}$$

$$G(x,t)=0 \tag{7-13}$$

$$\left.\frac{\partial L}{\partial \dot{x}}\right|_{t_0}^{t_f}=0 \tag{7-14}$$

对于有约束条件的泛函极值问题，可采用拉格朗日乘子法将其转化为无约束条件的泛函极值问题进行求解。

【例 7-2】 已知性能指标为

$$J=\int_0^{\pi}(1+\dot{x}_1^2+\dot{x}^2)^{\frac{1}{2}}\mathrm{d}t$$

求 J 在约束条件 $t^2+x_1^2=R^2$ 和边界条件 $x_1(0)=-R, x_2(0)=0, x_1(R)=0, x_2(R)=\pi$ 下的极值。

解：本题可按照有约束条件的泛函极值问题构造增广泛函的方法求解，也可以将其转化为无约束条件的泛函极值问题求解，这里采用无约束条件的泛函极值问题求解。

由约束条件和边界条件可直接得到

$$x_1^*(t)=-\sqrt{R^2-t^2},\quad \dot{x}_1(t)=\frac{t}{\sqrt{R^2-t^2}}$$

因而

$$F=(1+\dot{x}_1^2+\dot{x}_2^2)^{\frac{1}{2}}=\left(\frac{R^2}{R^2-t^2}+\dot{x}_2^2\right)^{\frac{1}{2}}$$

欧拉方程为

$$\frac{\partial F}{\partial x_2}-\frac{\mathrm{d}}{\mathrm{d}t}\frac{\partial F}{\partial \dot{x}_2}=\frac{\mathrm{d}}{\mathrm{d}t}\left[\frac{\dot{x}_2}{\left(\frac{R^2}{R^2-t^2}+\dot{x}_2^2\right)^{\frac{1}{2}}}\right]=0$$

$$\frac{\dot{x}_2}{\left(\frac{R^2}{R^2-t^2}+\dot{x}_2^2\right)^{\frac{1}{2}}}=c_1$$

整理得

$$\dot{x}_2(t)=\frac{c_2}{\sqrt{R^2-t^2}}$$

即

$$x_2(t)=\int \dot{x}_2(t)\mathrm{d}t=c_2\arcsin\frac{t}{R}+c_3$$

代入 $x_2(t)$在 $t=0$ 和 $t=R$ 时的边界条件,可得

$$x_2^*(t)=2\arcsin\frac{t}{R}$$

将极值曲线 $x_1^*(t)$和 $x_2^*(t)$的一阶导数代入 F,可求得泛函极值为

$$J^*=\int_0^R\left(1+\frac{t^2}{R^2-t^2}+\frac{2^2}{R^2-t^2}\right)^{\frac{1}{2}}\mathrm{d}t=\frac{\pi}{2}\sqrt{R^2+4}$$

7.2.4 变分法求解最优控制问题

当控制向量不受约束时,引入哈密顿函数,应用变分法可以导出最优控制的必要条件。

设系统状态方程为

$$\dot{x}(t)=f(x,u,t) \tag{7-15}$$

性能指标为

$$J=\theta[x(t_f),t_f]+\int_{t_0}^{t_f}F(x,u,t)\mathrm{d}t \tag{7-16}$$

最优控制问题就是寻求最优控制 $u^*(t)$及最优状态轨迹 $x^*(t)$,使性能指标 J 取极值。

构造哈密顿函数:

$$H(x,u,\lambda,t)=F(x,u,t)+\lambda(t)f(x,u,t) \tag{7-17}$$

式中:$\lambda\in R^m$,称为拉格朗日乘子。

满足下列方程:

$$\dot{x}=\frac{\partial H(x,u,\lambda,t)}{\partial\lambda} \tag{7-18}$$

$$\dot{\lambda}=\frac{\partial H(x,u,\lambda,t)}{\partial x} \tag{7-19}$$

$$\frac{\partial H(x,u,\lambda,t)}{\partial u}=0 \tag{7-20}$$

$$\lambda(t_f)=\frac{\partial\theta[x(t_f)]}{\partial x(t_f)} \tag{7-21}$$

【例 7-3】 已知系统状态方程为

$$\dot{x}(t)=u(t),\quad x(0)=1$$

求最优控制$u^*(t)$,使以下性能指标为最小。

$$J=\int_0^1 \mathrm{e}^{2t}(x^2+u^2)\mathrm{d}t$$

解:构造哈密顿函数:

$$H=\mathrm{e}^{2t}(x^2+u^2)+\lambda u$$

则正则方程和控制方程分别为

$$\dot{x}=\frac{\partial H}{\partial\lambda}=u$$

$$\dot{\lambda}=-\frac{\partial H}{\partial x}=-2x\mathrm{e}^{2t}$$

$$\frac{\partial H}{\partial u}=\lambda+2u\mathrm{e}^{2t}=0$$

因此

$$\lambda=-2u\mathrm{e}^{2t},\quad \dot{\lambda}=-2(2u+\ddot{x})\mathrm{e}^{2t}$$

因而得

$$\ddot{x}+2\dot{x}-x=0$$

解得

$$x(t)=c_1\mathrm{e}^{-(1+\sqrt{2})t}+c_2\mathrm{e}^{-(1-\sqrt{2})t}$$

$$u(t)=-(1+\sqrt{2})c_1\mathrm{e}^{-(1+\sqrt{2})u}-(1-\sqrt{2})c_2\mathrm{e}^{-(1-\sqrt{2})t}$$

由边界条件 $x(0)=1$ 以及 $\lambda(0)=\frac{\partial\theta}{\partial x(1)}=0$ 求出

$$c_1=\frac{\sqrt{2}-1}{(\sqrt{2}-1)+(\sqrt{2}+1)\mathrm{e}^{-2\sqrt{2}}}$$

$$c_2=\frac{(\sqrt{2}+1)\mathrm{e}^{-2\sqrt{2}}}{(\sqrt{2}-1)+(\sqrt{2}+1)\mathrm{e}^{-2\sqrt{2}}}$$

最后,得到最优控制为

$$u^*(t)=-1.7957(\mathrm{e}^{-2.4142t}-0.0591\mathrm{e}^{-0.4142t})$$

由性能指标的形式可知,性能指标只存在极小值,因而最优控制 $u^*(t)$ 将使性能指标为最小。

本章小结

本章在介绍最优控制的基本概念和几种性能指标表达式阐述的基础上,通过示例重点介绍了变分法及其应用。

习　题

7-1　泛函为 $J=\int_0^{\frac{\pi}{2}}(\dot{x}_2-x^2)\mathrm{d}t$,边界条件为 $x(0)=0,x\left(\frac{\pi}{2}\right)=1$,试求 J 为极小值时的 $x(t)$。

7-2　求通过 $x(0)=1,x(1)=2$,使下列性能指标为极值的曲线。

$$J=\int_0^1(\dot{x}_2+1)\mathrm{d}t$$

7-3　求性能指标 $J=\int_0^1(\dot{x}_2+1)\mathrm{d}t$ 在边界条件 $x(0)=1,x(1)$ 是自由情况下的极值曲线。

7-4　求性能指标 $J=\int_0^{\frac{\pi}{2}}(\dot{x}_1^2+\dot{x}_2^2+2x_1x_2)\mathrm{d}t$ 在边界条件 $x_1(0)=x_2(0)=0,x_1\left(\frac{\pi}{2}\right)=$

$x_2\left(\frac{\pi}{2}\right)=1$ 下的极值曲线 $x^*(t)$。

7-5　最速降线问题的研究。如图 7-1 所示，试从连接两定点 A 和 B 的曲线中，确定出一条曲线，设质点在不考虑摩擦的情况下，从点 A 滑动至点 B 时所需的时间最短。

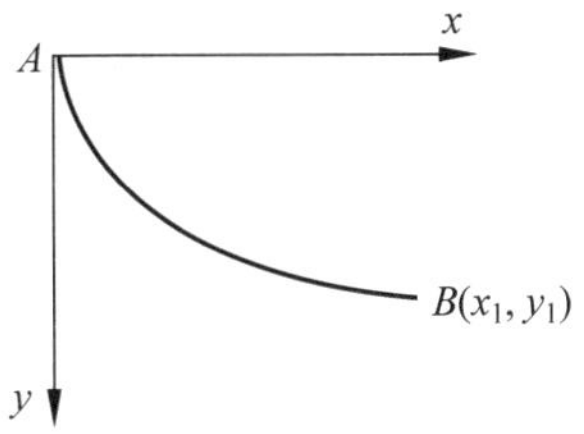

图 7-1　习题 7-5 图

第8章

李雅普诺夫稳定性分析

本章在介绍李雅普诺夫第二法的基础上，重点阐述了李雅普诺夫稳定性定理及其应用，要求熟练掌握李雅普诺夫稳定性定理在分析线性定常系统稳定性上的应用。

8.1 李雅普诺夫第二法

8.1.1 李雅普诺夫稳定性概述

稳定性是系统的重要特性，是系统正常工作的必要条件。如果系统是一个线性定常系统，可由经典控制理论的稳定性判据方法对系统的稳定性进行分析判断，但对于非线性或时变系统，经典控制理论的稳定性判据方法就不适用了。1892 年，俄国学者李雅普诺夫就如何判断系统稳定性问题提出了更具一般性的稳定性理论。

李雅普诺夫理论在建立一系列关于稳定性概念的基础上，提出了依赖于线性系统微分方程的解来判断稳定性的第一方法，也称间接法；还提出了一种利用经验和技巧来构造李雅普诺夫函数进行判断稳定性的第二方法，称为直接法。

李雅普诺夫第二法的特点是不必求解系统的微分方程，就可以对系统的稳定性进行分析与判断，而且给出的稳定信息不是近似的。也就是说，在不直接求解的前提下，通过李雅普诺夫函数 $V(X,t)$ 及其对时间的一次导数 $\dot{V}(X,t)$ 的定号性，就可以给出系统平衡状态稳定性的信息，所以，李雅普诺夫稳定性理论应用的关键在于能否构造一个适合的李雅普诺夫函数，这是需要相当的技巧与经验的。实践证明，多数情况下用二次型函数作为李雅普诺夫函数，因此，二次型及其定号性是李雅普诺夫稳定性理论的一个数学基础。

8.1.2 二次型及其定号性

1. 二次型

n 个变量 $x_1,x_2,\cdots,x_n$ 的二次齐次多项式为

$$V(x_1,x_2,\cdots,x_n)=a_{11}x_1^2+a_{12}x_1x_2+\cdots+a_{1n}x_1x_n+a_{21}x_1x_2+a_{22}x_2^2+\cdots+$$
$$a_{2n}x_2x_n+\cdots+a_{n1}x_1x_n+a_{n2}x_2x_n+\cdots+a_{nn}x_n^2$$

称为二次型，式中 $a_{ik}(i=1,2,\cdots,n)$ 是二次型的系数。

设 $a_{ik}=a_{ki}$，即对称且均为实数，则用矩阵表示的二次型为

$$V(\boldsymbol{X})=\begin{bmatrix}x_1 & x_2 & \cdots & x_n\end{bmatrix}\begin{bmatrix}a_{11} & a_{12} & \cdots & a_{1n}\\ a_{21} & a_{22} & \cdots & a_{2n}\\ \vdots & \vdots & \ddots & \vdots\\ a_{n1} & a_{n2} & \cdots & a_{nn}\end{bmatrix}\begin{bmatrix}x_1\\ x_2\\ \vdots\\ x_n\end{bmatrix}=\boldsymbol{X}^{\mathrm{T}}\boldsymbol{P}\boldsymbol{X}$$

二次型是一个标量，它的最基本特性就是它的定号，也就是 $V(\boldsymbol{X})$ 在坐标原点附近的特性。

1）正定性

当且仅当 $\boldsymbol{X}=0$ 时，才有 $V(\boldsymbol{X})=0$；对任意非零 $\boldsymbol{X}$，恒有 $V(\boldsymbol{X})>0$，则 $V(\boldsymbol{X})$ 为正定。例如 $V(\boldsymbol{X})=x_1^2+x_2^2$ 是正定的。

2）负定性

如果 $V(\boldsymbol{X})$ 是正定，或仅当 $\boldsymbol{X}=0$ 时，才有 $V(\boldsymbol{X})=0$；对任意非零 $\boldsymbol{X}$，恒有 $V(\boldsymbol{X})<0$，则 $V(\boldsymbol{X})$ 为负定。例如，$V(\boldsymbol{X})=-(x_1^2+x_2^2)$ 是负定的。

3）正半定性与负半定性

如果对任意 $\boldsymbol{X}\neq 0$，恒有 $V(\boldsymbol{X})\geqslant 0$，则 $V(\boldsymbol{X})$ 为正半定。

如果对任意 $\boldsymbol{X}\neq 0$，恒有 $V(\boldsymbol{X})\leqslant 0$，则 $V(\boldsymbol{X})$ 为负半定。

例如，$V(\boldsymbol{X})=-(x_1+2x_2)^2$，当 $x_1=-2x_2$ 时，有 $V(\boldsymbol{X})=0$；当 $x_1\neq -2x_2$ 时，$V(\boldsymbol{X})<0$，故 $V(\boldsymbol{X})$ 为负半定，而 $V(\boldsymbol{X})=(x_1+2x_2)^2$ 为正半定。

4）不定性

如果无论取多么小的零点的某个领域，$V(\boldsymbol{X})$ 可为正值，也可为负值，则 $V(\boldsymbol{X})$ 为不定。例如 $V(\boldsymbol{X})=x_1x_2$ 是不定的。

2. 塞尔维斯特准则

(1) 二次型 $V(\boldsymbol{X})=\boldsymbol{X}^{\mathrm{T}}\boldsymbol{P}\boldsymbol{X}$ 或对称矩阵 $\boldsymbol{P}$ 为正定的充要条件是 $\boldsymbol{P}$ 的主子行列式均为正，即

$$\boldsymbol{P}=\begin{bmatrix}a_{11} & a_{12} & \cdots & a_{1n}\\ a_{21} & a_{22} & \cdots & a_{2n}\\ \vdots & \vdots & \ddots & \vdots\\ a_{n1} & a_{n2} & \cdots & a_{nn}\end{bmatrix}$$

如果 $\Delta_1=a_{11}>0,\Delta_2=\begin{vmatrix}a_{11} & a_{12}\\ a_{21} & a_{22}\end{vmatrix}>0,\cdots,\Delta_n|\boldsymbol{P}|>0$，则 $\boldsymbol{P}$ 为正定，即 $V(\boldsymbol{X})$ 正定。

(2) 二次型 $V(\boldsymbol{X})=\boldsymbol{X}^{\mathrm{T}}\boldsymbol{P}\boldsymbol{X}$ 或对称矩阵 $\boldsymbol{P}$ 为负定的充要条件是 $\boldsymbol{P}$ 的主子行列式满足 $\Delta_i<0$（i 为奇数），$\Delta_i>0$（i 为偶数），$i=1,2,\cdots,n$。

8.2 李雅普诺夫稳定性定义

一般来说，系统可描述为

$$\dot{\boldsymbol{X}}=f(\boldsymbol{X},t)$$

式中：$\boldsymbol{X}$ 为 n 维状态变量。

当在任意时间都能满足：

$$f(\boldsymbol{X}_e,t)=0 \tag{8-1}$$

此时，称 x_e 为系统的平衡状态。凡满足式(8-1)的一切 $\boldsymbol{X}$ 值均是系统的平衡点，对于线性定常 $x=f(\boldsymbol{X},t)=\boldsymbol{AX}$，$\boldsymbol{A}$ 为非奇异时，$\boldsymbol{X}=0$ 是其唯一的平衡状态；$\boldsymbol{A}$ 为奇异时，则式(8-1)有无穷多个解，系统有无穷多个平衡状态。对于非线性系统，有一个或多个平衡状态。平衡状态的稳定性反映的是系统在平衡状态领域的局部的(小范围的)动态行为。

李雅普诺夫意义下的稳定性可以用图 8-1 加以说明。

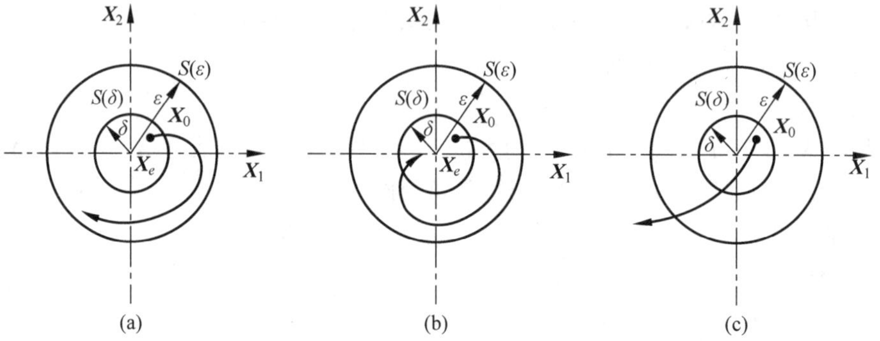

图 8-1　李雅普诺夫稳定性的二维图

1. 稳定与一致稳定

设系统初始状态 $\boldsymbol{X}_0$ 位于以平衡状态 $\boldsymbol{X}_e$ 为球心、半径为 δ 的闭球域 $S(\delta)$ 内，即 $\|\boldsymbol{X}_0-\boldsymbol{X}_e\|\leqslant\delta$，若能使系统的解 $\boldsymbol{X}$ 的运动轨迹都位于 $\boldsymbol{X}_e$ 为球心、半径为 ε 的闭球域 $S(\varepsilon)$ 内，即 $\lim\limits_{t\to\infty}\|\boldsymbol{X}-\boldsymbol{X}_e\|\leqslant\varepsilon$，则称系统为李雅普诺夫意义下的稳定。若 δ 与初始时刻 t_0 无关，则称平衡状态 $\boldsymbol{X}_e$ 为一致稳定。

2. 渐近稳定与一致渐近稳定

不仅满足李雅普诺夫意义下的稳定性，且从充分接近平衡状态 $\boldsymbol{X}_e$ 的任意初始状态 $\boldsymbol{X}_0$ 出发的运动轨迹有 $\lim\limits_{t\to\infty}\|\boldsymbol{X}-\boldsymbol{X}_e\|=0$，即收敛于平衡状态 $\boldsymbol{X}_e$，则称平衡状态 $\boldsymbol{X}_e$ 为渐近稳定。当 δ 与初始时刻 t_0 无关时，则称平衡状态 $\boldsymbol{X}_e$ 为一致渐近稳定。

3. 不稳定

无论 δ 规定得多么小，只要在 $S(\delta)$ 内有一 $\boldsymbol{X}_e$ 出发的轨迹超出 $S(\varepsilon)$ 以外，则称平衡状态是不稳定的。

8.3　李雅普诺夫稳定性定理

设系统状态方程为 $\dot{\boldsymbol{X}}=f(\boldsymbol{X},t)$，其平衡状态满足 $f(0,t)=0$，将状态空间原点作为平衡状态，并设在原点邻域存在 $V(\boldsymbol{X},t)$ 对 $\boldsymbol{X}$ 的连续的一阶偏导数。

定理 1　如果 $V(\boldsymbol{X},t)$ 正定；$\dot{V}(\boldsymbol{X},t)$ 负定，则原点是渐近稳定的。

定理 2　如果 $V(\boldsymbol{X},t)$ 正定；$\dot{V}(\boldsymbol{X},t)$ 负半定；$\dot{V}[\boldsymbol{X}(\boldsymbol{X};\boldsymbol{X}_0,t_0),t]$ 在非零状态不恒为零，则原点是渐近稳定的。

定理 3 如果 $V(\boldsymbol{X},t)$ 正定；$\dot{V}(\boldsymbol{X},t)$ 负半定；$\dot{V}[\boldsymbol{X}(\boldsymbol{X};\boldsymbol{X}_0,t_0),t]$ 在非零状态存在恒为零，则原点是李雅普诺夫意义下稳定的。

定理 4 如果 $V(\boldsymbol{X},t)$ 正定；$\dot{V}(\boldsymbol{X},t)$ 正定，则原点是不稳定的。

分析计算时，可构造一个李雅普诺夫函数 $V(\boldsymbol{X},t)$，通常任选一个二次型函数，求其导数 $\dot{V}(\boldsymbol{X},t)$，将所研究对象的状态方程代入，再判断其 $\dot{V}(\boldsymbol{X},t)$ 的定号性。

至于如何判断在非零状态下 $\dot{V}[\boldsymbol{X}(\boldsymbol{X};\boldsymbol{X}_0,t_0),t]$ 是否有恒为零的情况，可令 $\dot{V}(\boldsymbol{X},t)\equiv 0$，将所研究对象的状态方程代入。若能导出非零解，表示对于 $\boldsymbol{X}\neq 0$、$\dot{V}(\boldsymbol{X},t)\equiv 0$ 的条件是成立的；若导出的是全零解，表示只有原点满足 $\dot{V}(\boldsymbol{X},t)\equiv 0$ 的条件。

【例 8-1】 已知非线性系统的状态方程为

$$\begin{cases}\dot{x}_1 = x_2 - x_1(x_1^2 + x_2^2)\\ \dot{x}_2 = -x_1 - x_2(x_1^2 + x_2^2)\end{cases}$$

试分析系统平衡状态的稳定性。

解：原点（$x_1=0, x_2=0$）是给定系统的唯一平衡状态，设李雅普诺夫函数为

$$V(\boldsymbol{X}) = x_1^2 + x_2^2$$

则

$$\dot{V}(\boldsymbol{X}) = 2x_1\dot{x}_1 + 2x_2\dot{x}_2$$

将系统的状态方程代入上式，得

$$\dot{V}(\boldsymbol{X}) = -2(x_1^2 + x_2^2)^2$$

显然，$V(\boldsymbol{X})$ 是正定的，$\dot{V}(\boldsymbol{X})$ 是负定的，并且当 $\|\boldsymbol{X}\|\to\infty$ 时，$V(\boldsymbol{X})\to\infty$，所以系统在原点是大范围渐近稳定的。

【例 8-2】 已知系统的状态方程为

$$\begin{cases}\dot{x}_1 = x_2\\ \dot{x}_2 = -x_1 - x_2\end{cases}$$

试确定系统平衡状态的稳定性。

解：令 $\dot{x}_1=\dot{x}_2=0$，得知原点为给定系统的唯一平衡状态。设李雅普诺夫函数为

$$V(\boldsymbol{X}) = x_1^2 + x_2^2$$

则

$$\dot{V}(\boldsymbol{X}) = 2x_1\dot{x}_1 + 2x_2\dot{x}_2 = -2x_2^2$$

对于非零状态（如 $x_2=0, x_1\neq 0$）存在 $\dot{V}(\boldsymbol{X})=0$，对其余任意状态存在 $\dot{V}(\boldsymbol{X})<0$，故 $\dot{V}(\boldsymbol{X})$ 负半定，$V(\boldsymbol{X})$ 为正定。

非零状态是否有 $\dot{V}(\boldsymbol{X})\equiv 0$ 呢？令 $\dot{V}(\boldsymbol{X})\equiv 0$，得 $x_2\equiv 0$，代入状态方程可得 $x_1\equiv 0$，所以状态解只有全零解，表明非零状态的 $\dot{V}(\boldsymbol{X})$ 存在不恒为零。因此，系统在原点的平衡状态是渐近稳定的。又由于 $\|\boldsymbol{X}\|\to\infty$ 时，有 $V(\boldsymbol{X})\to\infty$，所以系统在原点的平衡状态是大范围渐近稳定的。

【例 8-3】 已知系统的状态方程为

$$\begin{cases}\dot{x}_1 = Kx_2 \quad (K>0)\\ \dot{x}_2 = -x_1\end{cases}$$

试判断系统平衡状态的稳定性。

解：由 $\dot{x}_1=\dot{x}_2=0$,可知原点是平衡状态。设李雅普诺夫函数为

$$V(\boldsymbol{X}) = x_1^2 + Kx_2^2$$

则

$$\dot{V}(\boldsymbol{X}) = 2Kx_1x_2 - 2Kx_1x_2 = 0$$

$\dot{V}(\boldsymbol{X})$负半定,且对于任意 $\boldsymbol{X}$ 值,$\dot{V}(\boldsymbol{X})$均保持为零,则在李雅普诺夫定义下是稳定的,但不是渐近稳定。

8.4 线性定常系统的李雅普诺夫稳定性分析

线性定常系统：

$$\dot{\boldsymbol{X}} = \boldsymbol{A}\boldsymbol{X}$$

式中：$\boldsymbol{A}$ 为非奇异矩阵,原点是唯一平衡状态。则唯一平衡状态大范围渐近稳定的充分必要条件是对任意给定的正定对称矩阵 $\boldsymbol{P}$,存在唯一的正定的对称矩阵 $\boldsymbol{Q}$,满足下列李雅普诺夫方程：

$$\boldsymbol{A}^{\mathrm{T}}\boldsymbol{P} + \boldsymbol{P}\boldsymbol{A} = -\boldsymbol{Q} \tag{8-2}$$

以上阐述为系统的渐近稳定性判断带来极大方便,这时是先给定正定 $\boldsymbol{Q}$,采用单位矩阵最简单,再按式(8-2)计算 $\boldsymbol{P}$ 并校验其定号性。当 $\boldsymbol{P}$ 正定时,则系统渐近稳定；当 $\boldsymbol{P}$ 负定时,则系统不稳定；当 $\boldsymbol{P}$ 不定时,可断定为非渐近稳定。这种先给定 $\boldsymbol{Q}$,再验证 $\boldsymbol{P}$ 正定的方法,也是构造线性定常渐近稳定系统的李雅普诺夫函数的通用方法。

【例 8-4】 试用李雅普诺夫方程判断下列线性定常系统的渐近稳定性。

$$\dot{x}_1 = x_2,\quad \dot{x}_2 = 2x_1 - x_2$$

解：令

$$\boldsymbol{A}^{\mathrm{T}}\boldsymbol{P} + \boldsymbol{P}\boldsymbol{A} = -\boldsymbol{Q} = -\boldsymbol{I}$$

$$\begin{bmatrix}0 & 2\\ 1 & -1\end{bmatrix}\begin{bmatrix}p_{11} & p_{12}\\ p_{12} & p_{22}\end{bmatrix} + \begin{bmatrix}p_{11} & p_{12}\\ p_{12} & p_{22}\end{bmatrix}\begin{bmatrix}0 & 1\\ 2 & -1\end{bmatrix} = \begin{bmatrix}-1 & 0\\ 0 & -1\end{bmatrix}$$

展开得

$$4p_{12} = -1,\quad 2p_{12} - 2p_{22} = -1,\quad p_{11} - p_{12} + 2p_{22} = 0$$

解得

$$\boldsymbol{P} = \begin{bmatrix}p_{11} & p_{12}\\ p_{12} & p_{22}\end{bmatrix} = \begin{bmatrix}-\dfrac{3}{4} & -\dfrac{1}{4}\\ -\dfrac{1}{4} & \dfrac{1}{4}\end{bmatrix}$$

由于 $p_{11} = -\dfrac{1}{4} < 0$,$\det\boldsymbol{P} = -\dfrac{1}{4} < 0$,故 $\boldsymbol{P}$ 不定,可判断该系统非渐近稳定。

本章小结

本章在介绍李雅普诺夫第二法基本知识的基础上，通过示例，重点阐述了李雅普诺夫稳定性的定义、稳定性定理及其应用，介绍了李雅普诺夫稳定性定理在分析线性定常系统稳定性上的应用。

习 题

8-1 设控制系统的状态方程为

$$\begin{cases}\dot{x}_1 = x_2 - ax_1(x_1^2 + x_2^2) \\ \dot{x}_2 = -x_1 - ax_2(x_1^2 + x_2^2)\end{cases}$$

式中：a 为非零正常数。

试分析系统的稳定性。

8-2 设系统的状态方程为

$$\begin{cases}\dot{x}_1 = x_2 \\ \dot{x}_2 = -a(1 + x_2)^2 - x_1\end{cases}$$

式中：a 为正常数。

试分析系统的稳定性。

8-3 设系统的状态方程为

$$\begin{cases}\dot{x}_1 = x_2 \\ \dot{x}_2 = -x_2 - x_1^3\end{cases}$$

若选取可能的李雅普诺夫函数为

$$V(\boldsymbol{X}) = \frac{1}{4}x_1^4 + \frac{1}{2}x_2^2$$

试分析系统的稳定性。

8-4 试判断下列线性系统平衡状态的稳定性。

$$\dot{x}_1 = x_2, \quad \dot{x}_2 = -x_1 + x_2$$

8-5 系统状态方程为

$$\dot{x}_1 = x_2, \quad \dot{x}_2 = -x_1 - x_2$$

显然平衡状态是原点，试确定该状态的稳定性。

参考文献

[1] 于长官.现代控制理论[M].3版.哈尔滨：哈尔滨工业出版社,2005.

[2] 施颂椒,陈学中,杜秀华.现代控制理论基础[M].北京：高等教育出版社,2005.

[3] 刘豹.现代控制理论[M].2版.北京：机械工业出版社,2003.

[4] 符曦.自动控制理论习题集[M].北京：机械工业出版社,1983.

[5] 胡寿松.自动控制原理[M].3版.北京：国防工业出版社,2000.

[6] 魏克新,王云亮,陈志敏.MATLAB语言与自动控制系统设计[M].2版.北京：机械工业出版社,2004.

[7] 张岳.MATLAB程序设计与应用基础教程[M].3版.北京：清华大学出版社,2022.

[8] 隋涛,刘秀芝.计算机仿真技术：MATLAB在电气、自动化专业中的应用[M].2版.北京：机械工业出版社,2022.

拓展阅读

"现代控制理论"课程的内容是在20世纪50年代随着宇航技术推动，于1960年前后出现的新理论和新方法，它区别于经典控制理论的主要标志是卡尔曼系统地将状态空间的概念引入到控制理论中来。其主要数学基础是矩阵理论。而我国的"两弹一星"研制工作也是在这个时候开始并在钱学森等"两弹一星"功勋的直接领导和参与下实施并取得重大成就。

"现代控制理论"既适用于单输入-单输出系统，也适用于多输入-多输出系统；既可以应用于线性定常系统，也可应用于线性时变系统。时变系统是指系统中一个或一个以上的参数随时间而变化，从而整个系统的特性也随时间而变化的系统，如导弹发射、卫星升空的过程都属于时变系统。在电视剧《五星红旗迎风飘扬》中就有寻找导弹系统时变系统的实际应用场景。剧中某次进行导弹试飞时，产生了导弹推进燃料发生气化这一故障，相关人员认为出现故障的原因是发动机的燃料不足，而燃料不足就不能发射，于是要求立即停止发射。六月的西北高原正处于高温季节，灼热的阳光照着导弹，致使推进剂体积膨胀并急剧汽化。钱学森认为，发动机燃料不足，其工作时间就会大大缩短，导弹的射程也会大大减少。基地的专家们立刻开始研究对策，有的人认为应扩大火箭的燃料箱，但这样一来就增加了火箭的负载，具有很大的安全隐患。在这关键时刻，王永志站了出来，他经过一番复杂的计算，提议将已装的燃料再倒出来600kg，以此来减轻火箭的重量，提高推动力。东风二号属于需要加注燃料的运载火箭，而燃料在未燃烧之前也是负载，所以并不是燃料越多导弹就飞得越远。在经过相关计算之后，钱学森也认可了王永志的说法，最终使导弹成功命中目标。

此外，"现代控制理论"课程中最重要的两个概念就是控制系统的状态能控性和可观测性。这是因为自动控制的任务是使系统的被控量(一般为系统的输出)按预定的规律运行，对于线性时不变系统而言，欲使系统输出按预定规律运行，则要求系统状态按预定的规律运行，而状态为状态方程的解由两部分组成，即自由运动分量和强迫运动分量。因此，只有强迫运动分量的存在，才能使系统状态按预定规律运行，即系统每一个状态均要受到外作用的控制，这就说明系统的状态可控性是非常重要的概念。导弹飞行控制中，若系统状态能控，设计控制器控制导弹飞行、控制飞行轨迹、完成击中目标。可观测性的重要性就是可实现状态重构。航天领域系统的载荷很重要，火箭与载荷要匹配，为了减轻载荷，减少故障源，若系统模型清楚、准确，对需要通过物理传感器进行状态测量的部分，可以不用物理传感器，以减轻系统载荷，而用状态重构来解决。

以钱学森、王永志等为代表的一代代航天人为我国的航天事业做出了卓越的贡献，所孕育的航天"三大精神"——航天传统精神、"两弹一星"精神和载人航天精神不断鼓舞我们走中国式的科技强国发展之路，为实现中华民族伟大复兴而努力奋斗。

资料来源：郑恩让，王素娥."现代控制理论"课程思政的探索与实践[J].电气电子教学学报，2021(6)：42-55.

习题答案

第 1 章

1-1 （1）0 （2）-4 （3）$-2x^3-2y^3$ （4）40

1-2 （1）$\begin{bmatrix}35\\6\\49\end{bmatrix}$ （2）$[10]$ （3）$\begin{bmatrix}-2 & 4\\-1 & 2\\-3 & 6\end{bmatrix}$ （4）$\begin{bmatrix}6 & -7 & 8\\20 & -5 & -6\end{bmatrix}$

1-3 （1）$\begin{bmatrix}9 & 6 & 3\\8 & 5 & 2\\1 & 4 & 1\end{bmatrix}$ （2）18 （3）3

1-4 $\begin{bmatrix}5 & -6 & 2\\-2 & 3 & -1\\0 & 2 & -1\end{bmatrix}$

第 2 章

2-1 $$\begin{bmatrix}\dot{x}_1(t)\\\dot{x}_2(t)\end{bmatrix}=\begin{bmatrix}-\dfrac{R}{L} & -\dfrac{1}{LC}\\1 & 0\end{bmatrix}\begin{bmatrix}x_1(t)\\x_2(t)\end{bmatrix}+\begin{bmatrix}\dfrac{1}{L}\\0\end{bmatrix}u(t)$$

$$y(t)=\begin{bmatrix}\dfrac{1}{C} & 0\end{bmatrix}\begin{bmatrix}x_1(t)\\x_2(t)\end{bmatrix}$$

$$\begin{bmatrix}y_1(t)\\y_2(t)\end{bmatrix}=\begin{bmatrix}0 & R\\\dfrac{1}{C} & 0\end{bmatrix}\begin{bmatrix}x_1(t)\\x_2(t)\end{bmatrix}$$

2-2 状态方程为

$$\begin{bmatrix}\dot{x}_1(t)\\\dot{x}_2(t)\end{bmatrix}=\begin{bmatrix}0 & 1\\-\dfrac{1}{LC} & -\dfrac{R}{L}\end{bmatrix}\begin{bmatrix}x_1(t)\\x_2(t)\end{bmatrix}+\begin{bmatrix}0\\\dfrac{1}{L}\end{bmatrix}u(t)$$

输出方程为

$$y(t)=\begin{bmatrix}1 & 0\end{bmatrix}\begin{bmatrix}x_1(t)\\x_2(t)\end{bmatrix}$$

2-3 $$\begin{cases}\dot{\boldsymbol{x}}=\boldsymbol{Ax}+\boldsymbol{Bu}\\\boldsymbol{y}=\boldsymbol{Cx}+\boldsymbol{Du}\end{cases}$$

式中：$\boldsymbol{A}=\begin{bmatrix}-\dfrac{1}{C(R_1+R_2)} & -\dfrac{R_1}{C(R_1+R_2)}\\\dfrac{R_1}{L(R_1+R_2)} & -\dfrac{R_1R_2}{L(R_1+R_2)}\end{bmatrix}$，$\boldsymbol{B}=\begin{bmatrix}\dfrac{1}{C(R_1+R_2)}\\\dfrac{R_2}{L(R_1+R_2)}\end{bmatrix}$

$$C=\begin{bmatrix}-\frac{R_2}{R_1+R_2} & -\frac{R_1R_2}{R_1+R_2}\end{bmatrix}, D=\begin{bmatrix}\frac{R_2}{R_1+R_2}\end{bmatrix}$$

2-4 特征值为 0,1,2。

第 3 章

3-1 $$\begin{bmatrix}\dot{x}_1\\ \dot{x}_2\\ \dot{x}_3\end{bmatrix}=\begin{bmatrix}0 & 1 & 0\\ 0 & 0 & 1\\ -\frac{d}{a} & -\frac{c}{a} & -\frac{b}{a}\end{bmatrix}\begin{bmatrix}x_1\\ x_2\\ x_3\end{bmatrix}+\begin{bmatrix}0\\ 0\\ \frac{1}{a}\end{bmatrix}u$$

3-2 $x_1=y \quad x_2=\dot{y} \quad \dot{x}_1=x_2 \quad \dot{x}_2=\ddot{y}=u-2\xi\omega\dot{y}-\omega^2 y=-\omega^2 x_1-2\xi\omega x_2+u$

$$\begin{bmatrix}\dot{x}_1\\ \dot{x}_2\end{bmatrix}=\begin{bmatrix}0 & 1\\ -\omega^2 & -2\xi\omega\end{bmatrix}\begin{bmatrix}x_1\\ x_2\end{bmatrix}+\begin{bmatrix}0\\ 1\end{bmatrix}u, y=\begin{bmatrix}1 & 0\end{bmatrix}\begin{bmatrix}x_1\\ x_2\end{bmatrix}$$

3-3 $$\begin{bmatrix}\dot{x}_1\\ \dot{x}_2\\ \dot{x}_3\end{bmatrix}=\begin{bmatrix}0 & 1 & 0\\ 0 & 0 & 1\\ -5 & -2 & -3\end{bmatrix}\begin{bmatrix}x_1\\ x_2\\ x_3\end{bmatrix}+\begin{bmatrix}0\\ 0\\ 1\end{bmatrix}u, y=\begin{bmatrix}1 & 0 & 0\end{bmatrix}\begin{bmatrix}x_1\\ x_2\\ x_3\end{bmatrix}$$

3-4 $$\begin{bmatrix}\dot{x}_1\\ \dot{x}_2\\ \dot{x}_3\end{bmatrix}=\begin{bmatrix}0 & 1 & 0\\ 0 & 0 & 1\\ -1 & -2 & -3\end{bmatrix}\begin{bmatrix}x_1\\ x_2\\ x_3\end{bmatrix}+\begin{bmatrix}0\\ 0\\ 1\end{bmatrix}r$$

$$y=\begin{bmatrix}1 & 0 & 0\end{bmatrix}\begin{bmatrix}x_1\\ x_2\\ x_3\end{bmatrix}$$

3-5 $$\begin{bmatrix}\dot{x}_1\\ \dot{x}_2\\ \dot{x}_3\end{bmatrix}=\begin{bmatrix}-1 & 0 & 0\\ 0 & -2 & 0\\ 0 & 0 & -3\end{bmatrix}\begin{bmatrix}x_1\\ x_2\\ x_3\end{bmatrix}+\begin{bmatrix}1\\ 1\\ 1\end{bmatrix}u, y=\begin{bmatrix}3 & -6 & 3\end{bmatrix}\begin{bmatrix}x_1\\ x_2\\ x_3\end{bmatrix}$$

3-6 $$\begin{bmatrix}\dot{x}_1\\ \dot{x}_2\\ \dot{x}_3\end{bmatrix}=\begin{bmatrix}-5 & 10 & 0\\ 0 & 0 & -2\\ 1 & 0 & -1\end{bmatrix}\begin{bmatrix}x_1\\ x_2\\ x_3\end{bmatrix}+\begin{bmatrix}0\\ 2\\ 0\end{bmatrix}u, y=\begin{bmatrix}1 & 0 & 0\end{bmatrix}\begin{bmatrix}x_1\\ x_2\\ x_3\end{bmatrix}$$

3-7 $$\begin{bmatrix}\dot{x}_1\\ \dot{x}_2\\ \dot{x}_3\end{bmatrix}=\begin{bmatrix}0 & 1 & 0\\ 0 & -2 & 1\\ -k & 0 & -1\end{bmatrix}\begin{bmatrix}x_1\\ x_2\\ x_3\end{bmatrix}+\begin{bmatrix}0\\ 0\\ k\end{bmatrix}u, y=\begin{bmatrix}1 & 0 & 0\end{bmatrix}\begin{bmatrix}x_1\\ x_2\\ x_3\end{bmatrix}$$

3-8 $G(s)=\boldsymbol{C}(\boldsymbol{I}s-\boldsymbol{A})^{-1}\boldsymbol{B}=\dfrac{1}{s^2+3s+1}$

3-9 $G(s)=\boldsymbol{C}(\boldsymbol{I}s-\boldsymbol{A})^{-1}\boldsymbol{B}=(\boldsymbol{I}s-\boldsymbol{A})^{-1}=\begin{bmatrix}s & -1\\ 0 & s+2\end{bmatrix}=\dfrac{1}{s(s+2)}\begin{bmatrix}s+2 & 1\\ 0 & s\end{bmatrix}$

第 4 章

4-1 $\boldsymbol{\Phi}(t)=\begin{bmatrix} \frac{3}{4}e^{t}+\frac{1}{4}e^{5t} & -\frac{1}{2}e^{t}+\frac{1}{2}e^{5t} & -\frac{1}{4}e^{t}+\frac{1}{4}e^{5t} \\ -\frac{1}{4}e^{t}+\frac{1}{4}e^{5t} & \frac{1}{2}e^{t}+\frac{1}{2}e^{5t} & -\frac{1}{4}e^{t}+\frac{1}{4}e^{5t} \\ -\frac{1}{4}e^{t}+\frac{1}{4}e^{5t} & -\frac{1}{2}e^{t}+\frac{1}{2}e^{5t} & \frac{1}{4}e^{t}+\frac{1}{4}e^{5t} \end{bmatrix}$

4-2 $\boldsymbol{A}=\frac{d}{dt}\boldsymbol{\Phi}(t)\Big|_{t=0}=\begin{bmatrix} 0 & -2 \\ 1 & -3 \end{bmatrix}$

4-3 (1) $\boldsymbol{A}=\begin{bmatrix} 0 & 2 \\ -1 & -3 \end{bmatrix}$ $\boldsymbol{\Phi}(t)=\begin{bmatrix} 2e^{-t}-e^{-2t} & 2e^{-t}-2e^{-2t} \\ -e^{-t}+e^{-2t} & -e^{-t}+2e^{-2t} \end{bmatrix}$

(2) $\boldsymbol{A}=\begin{bmatrix} 0 & 1 \\ -2 & -3 \end{bmatrix}$ $\boldsymbol{\Phi}(t)=\begin{bmatrix} 2e^{-t}-e^{-2t} & e^{-t}-e^{-2t} \\ -2e^{-t}+2e^{-2t} & -e^{-t}+2e^{-2t} \end{bmatrix}$

4-4 $\begin{bmatrix} x_1(t) \\ x_2(t) \end{bmatrix}=\begin{bmatrix} \frac{2}{3}e^{-2t}+\frac{1}{3}e^{t} \\ -\frac{4}{3}e^{-2t}+\frac{1}{3}e^{t} \end{bmatrix}$

4-5 $\begin{bmatrix} x_1(0) \\ x_2(0) \end{bmatrix}=\begin{bmatrix} 3e^{-t}-e^{2t} \\ 3e^{-t}+2e^{2t} \end{bmatrix}$

4-6 $\begin{bmatrix} x_1(t) \\ x_2(t) \end{bmatrix}=\begin{bmatrix} 1-2e^{-2t}+e^{-3t} \\ -1+4e^{-2t}-3e^{-3t} \end{bmatrix}$

4-7 $\begin{bmatrix} x_1(t) \\ x_2(t) \end{bmatrix}=\begin{bmatrix} (4t-1)e^{-t}+e^{-2t} \\ (3-4t)e^{-t}-2e^{-2t} \end{bmatrix}$

第 5 章

5-1 (1) 不能控 (2) 能控 (3) 不能控 (4) 不完全能控

5-2 状态不能控,输出能控

5-3 (1) 可观测 (2) 不能完全观测 (3) 可观测 (4) 可观测

5-4 (1) 能控 可观测 (2) 不能控 可观测 (3) 不能控 不可观测
(4) 能控 不可观测

5-5 该系统的能控性矩阵的秩为

$$\text{rank}\begin{bmatrix}\boldsymbol{B} & \boldsymbol{AB} & \boldsymbol{A}^2\boldsymbol{B}\end{bmatrix}=\text{rank}\begin{bmatrix} 2 & 1 & 3 & 2 & 5 & 4 \\ 1 & 1 & 2 & 2 & 4 & 4 \\ -1 & -1 & -2 & -2 & -4 & -4 \end{bmatrix}$$

$$=\text{rank}\begin{bmatrix} 2 & 1 & 3 & 2 & 5 & 4 \\ 1 & 1 & 2 & 2 & 4 & 4 \\ 0 & 0 & 0 & 0 & 0 & 0 \end{bmatrix}=2<3$$

5-6　不能控，可观测

5-7　$b^2-ab+1\neq 0$

5-8　$(c+d)-(a+b)\neq 0, b\neq 0$

5-9　$b-a\neq 1$

5-10　$\begin{bmatrix}\dot{\tilde{x}}_1\\ \dot{\tilde{x}}_2\end{bmatrix}=\begin{bmatrix}0 & 1\\ -2 & -3\end{bmatrix}\begin{bmatrix}\tilde{x}_1\\ \tilde{x}_2\end{bmatrix}+\begin{bmatrix}0\\ 1\end{bmatrix}u$

5-11　$\begin{bmatrix}\dot{\tilde{x}}_1\\ \dot{\tilde{x}}_2\end{bmatrix}=\begin{bmatrix}0 & 5\\ 1 & 2\end{bmatrix}\begin{bmatrix}\tilde{x}_1\\ \tilde{x}_2\end{bmatrix}+\begin{bmatrix}0\\ 3\end{bmatrix}u, y=\begin{bmatrix}0 & 1\end{bmatrix}\begin{bmatrix}\tilde{x}_1\\ \tilde{x}_2\end{bmatrix}$

5-12　能控状态变量个数为 3，可观测状态变量个数为 2

5-13　(1) 系统的状态不完全能控，系统是输出能控。

(2) $\dfrac{X_1(s)}{U(s)}=\dfrac{s+2.5}{(s+2.5)(s-1)}$

第 6 章

6-1　$\boldsymbol{K}=\begin{bmatrix}\dfrac{26}{3} & \dfrac{26}{3} & \dfrac{8}{3}\end{bmatrix}$

6-2　$\boldsymbol{K}=\begin{bmatrix}199 & 55 & 8\end{bmatrix}$

6-3　(1) 能控可观测

$$\operatorname{rank}\begin{bmatrix}B & AB\end{bmatrix}=\operatorname{rank}\begin{bmatrix}0 & 1\\ 1 & -5\end{bmatrix}=2=n$$

$$\operatorname{rank}\begin{bmatrix}C\\ CA\end{bmatrix}=\operatorname{rank}\begin{bmatrix}1 & 0\\ 0 & 1\end{bmatrix}=2=n$$

(2) $G(x)=\boldsymbol{C}(\boldsymbol{I}s-\boldsymbol{A})^{-1}\boldsymbol{B}=\begin{bmatrix}1 & 0\end{bmatrix}\dfrac{\begin{bmatrix}s+5 & 1\\ 0 & s\end{bmatrix}}{s(s+5)}\begin{bmatrix}0\\ 1\end{bmatrix}=\dfrac{1}{s(s+5)}$

(3) $\boldsymbol{K}=\begin{bmatrix}K_1 & K_2\end{bmatrix}=\begin{bmatrix}2 & -3\end{bmatrix}$

6-4　$\boldsymbol{K}=\begin{bmatrix}4 & 4 & 1\end{bmatrix}$

6-5　$\boldsymbol{g}=\begin{bmatrix}g_1\\ g_2\end{bmatrix}=\begin{bmatrix}8.5\\ 23.5\end{bmatrix}$

6-6　$\begin{bmatrix}g_1 & g_2 & g_2\end{bmatrix}=\begin{bmatrix}58\\ 56\\ 12\end{bmatrix}$

第 7 章

7-1　计算导数　$F=\dot{x}_2-x^2, \dfrac{\partial F}{\partial x}=-2x, \dfrac{\partial F}{\partial \dot{x}}=2\dot{x}, \dfrac{\partial^2 F}{\partial \dot{x}_2}=2$

在$\left[0,\frac{\pi}{2}\right]$区间内，$\frac{\partial^2 F}{\partial \dot{x}^2}>0$，满足$J$在曲线$x^*(t)$上会有极小值的条件。

$\frac{\partial F}{\partial x}-\frac{\mathrm{d}}{\mathrm{d}t}\frac{\partial F}{\partial \dot{x}}=0 \qquad -2x-\frac{\mathrm{d}}{\mathrm{d}t}(2\dot{x})=0 \qquad \ddot{x}+x=0$

其通解$x=C_1\cos t+C_2\sin t$代入边界条件，得$C_1=0, C_2=1$，最优曲线$x=\sin t$。

7-2 $\frac{\partial F}{\partial x}-\frac{\mathrm{d}}{\mathrm{d}t}\frac{\partial F}{\partial \dot{x}}=0 \qquad F=\dot{x}^2+1 \qquad 0-\frac{\mathrm{d}}{\mathrm{d}t}(2\dot{x})=0 \quad \dot{x}(t)=C_1 \qquad x(t)=C_1 t+C_2$

代入边界条件：$x(0)=1, x(1)=2$，可得$x(t)=t+1$

7-3 由题可知，$\left.\frac{\partial F}{\partial \dot{x}}\right|_{t=1}=2\dot{x}=0$，即$\dot{x}(1)=0$

$\frac{\partial F}{\partial x}-\frac{\mathrm{d}}{\mathrm{d}t}\frac{\partial F}{\partial \dot{x}}=0 \qquad F=\dot{x}^2+1 \qquad \dot{x}(t)=C_1 \qquad x(t)=C_1 t+C_2$

代入边界条件：$x(0)=1, \dot{x}(1)=0$，可得$x(t)=1$

7-4 $x_1^*(t)=x_2^*(t)=\dfrac{\mathrm{sh}t}{\mathrm{sh}\frac{\pi}{2}}$

7-5 设质点的初速度为零，根据力学公式，可得质点运动的速度为$\frac{\mathrm{d}s}{\mathrm{d}t}=\sqrt{2gy}$，其中$g$为重力加速度。质点从$A(0,0)$滑到$B(x_1,y_1)$所需时间为$t=\int_0^{x_1}\frac{\sqrt{1+y'^2}}{\sqrt{2gy}}$，边界条件为$y(0)=0, y(x_1)=y_1$。

函数$F=\frac{\sqrt{1+y'^2}}{\sqrt{2gy}}$，由于函数$F$不显含$x$，欧拉方程有首次积分，即

$$F-y'F_{y'}=\frac{\sqrt{1+y'^2}}{\sqrt{2gy}}-y'\frac{y'}{\sqrt{2gy(1+y'^2)}}=C$$

简化后可得$\frac{1}{\sqrt{2gy(1+y'^2)}}=C$或$y=\frac{C_1}{1+y'^2}$，其中$C_1=\frac{1}{2gC^2}$，令$y'=C\mathrm{tg}\theta$

得$y=\frac{C_1}{1+y'^2}=C_1\sin^2\theta=\frac{C_1}{2}(1-\cos 2\theta)$

又因$\mathrm{d}x=\frac{\mathrm{d}y}{y'}=\frac{2C_1\sin\theta\cos\theta\mathrm{d}\theta}{\mathrm{ctg}\theta}=2C_1\sin^2\theta\mathrm{d}\theta=C_1(1-\cos 2\theta)\mathrm{d}\theta$

积分后可得$x=C_1\left(\theta-\frac{\sin 2\theta}{2}\right)+C_2=\frac{C_1}{2}(2\theta-\sin 2\theta)+C_2$

由边界条件$y(0)=0$，可算出$C_2=0$，利用变量代换$2\theta=t$，最后得到

$$x=\frac{C_1}{2}(t-\sin t), \quad y=\frac{C_1}{2}(1-\cos t)$$

这是旋轮线的参数方程，因此，最速降线就是旋轮线。

第 8 章

8-1　在原点是大范围渐近稳定的。

8-2　系统在原点是大范围渐近稳定的。

8-3　系统在原点是大范围渐近稳定的。

8-4　线性系统不稳定。

8-5　系统在原点是大范围渐近稳定的,李雅普诺夫函数为

$$V(\boldsymbol{X})=\frac{1}{2}(3x_1^2+2x_1x_2+2x_2^2)$$